**ISBN-13:
978-1515112099**

**ISBN-10:
1515112098**

Manual de
EQUIPOS CALORÍFICOS

Miguel D'Addario

2015

Comunidad Europea

Primera edición

ÍNDICE

Termodinámica. Calor, temperatura y frío. Conceptos. Unidades. Formas de transmisión del calor. Termometría. Dilatación. Cambios de estado. Comportamiento de los gases. La presión. Ciclos termodinámicos. Instrumentos de medidas de variables termodinámicas.

TERMODINÁMICA. CALOR, TEMPERATURA Y FRÍO. CONCEPTOS

La Termodinámica es la parte de la Física. Ciencia que estudia la energía interna de los sistemas materiales, de su transformación entre sus distintas manifestaciones. Se puede describir mediante propiedades medibles como la *temperatura,* la *presión* o el *volumen,* que se conocen como variables de estado. Es posible identificar y relacionar entre sí muchas otras variables termodinámicas (como la *densidad,* el *calor* específico, la *compresibilidad* o el *coeficiente de dilatación*), con lo que se obtiene una descripción más completa de un sistema y de su relación con el entorno. Todas estas variables se pueden clasificar en dos grandes grupos: las *variables extensivas*, que dependen de la cantidad de materia del sistema, y las variables intensivas, independientes de la cantidad de materia. Los principios de la termodinámica tienen una importancia fundamental para todas las ramas de la ciencia y la ingeniería.

Sistemas materiales
Materia en cualquiera de sus tres estados de agregación clásicos: sólido, líquido o gaseoso.

Fundamentos de la termodinámica
El descubrimiento de que toda la materia está formada por moléculas proporcionó una base microscópica para la termodinámica. Un sistema termodinámico formado por una sustancia pura se puede describir como un conjunto de moléculas iguales, cada una de las cuales tiene un movimiento individual que puede describirse con variables mecánicas como la velocidad o el momento lineal. En ese caso, debería ser posible, al menos en principio, calcular las propiedades colectivas del sistema resolviendo las ecuaciones del movimiento de las moléculas. En ese

sentido, la termodinámica se podría considerar como una simple aplicación de las leyes de la mecánica al sistema microscópico. Los objetos de dimensiones normales, a escala humana, contienen cantidades inmensas de moléculas (del orden de 1024). Suponiendo que las moléculas fueran esféricas, harían falta tres variables para describir la posición de cada una y otras tres para describir su velocidad. Describir así un sistema macroscópico sería una tarea que no podría realizar ni siquiera la mayor computadora moderna. Además, una solución completa de esas ecuaciones nos diría dónde está cada molécula y qué está haciendo en cada momento. Una cantidad tan enorme de información resultaría demasiado detallada para ser útil y demasiado fugaz para ser importante. Por ello se diseñaron métodos estadísticos para obtener los valores medios de las variables mecánicas de las moléculas de un sistema y deducir de ellos las características generales del sistema. Estas características generales resultan ser precisamente las variables termodinámicas macroscópicas. El tratamiento estadístico de la mecánica molecular se denomina mecánica estadística, y proporciona a la termodinámica una base mecánica. Desde la perspectiva estadística, la temperatura representa una medida de la energía cinética media de las moléculas de un sistema. El incremento de la temperatura refleja un aumento en la intensidad del movimiento molecular. Cuando dos sistemas están en contacto, se transfiere energía entre sus moléculas como resultado de las colisiones. Esta transferencia continúa hasta que se alcance la uniformidad en sentido estadístico, que corresponde al equilibrio térmico. La energía cinética de las moléculas también corresponde al calor, y, junto con la energía potencial relacionada con las interacciones entre las moléculas, constituye la energía interna de un sistema. La conservación de la energía, una ley bien conocida en mecánica, se transforma en el primer principio de la termodinámica, y el concepto de entropía corresponde a la magnitud del desorden a escala molecular. Suponiendo que todas las combinaciones de movimientos moleculares son igual de probables, la termodinámica demuestra que cuanto más desordenado sea el estado de un sistema aislado, existen más combinaciones que pueden dar lugar a ese estado, por lo que ocurrirá con una frecuencia mayor. La probabilidad de que se produzca el estado más desordenado es abrumadoramente mayor que la de cualquier otro estado. Esta probabilidad proporciona una base estadística para definir el estado de equilibrio y la entropía. Por último, la temperatura puede disminuirse retirando energía de un sistema, es decir, reduciendo la intensidad del movimiento molecular. El cero absoluto corresponde al estado de un sistema en el que todos sus componentes están en reposo. Sin embargo, este concepto pertenece a la física clásica. Según la mecánica cuántica, incluso en el cero absoluto existe un movimiento molecular residual. Un análisis de la base estadística del tercer principio se saldría de los límites de esta discusión.

Calor

Para la física, es la transferencia de energía de una parte a otra de un cuerpo, o entre diferentes cuerpos, en debido a una diferencia de temperatura. El calor es energía en tránsito; siempre fluye de una zona de mayor temperatura a una zona de menor temperatura, con lo que eleva la temperatura de la segunda y reduce la de la primera, siempre que el volumen de los cuerpos se mantenga constante. La energía no fluye desde un objeto de temperatura baja a un objeto de temperatura alta si no se realiza trabajo. Existen una serie de conceptos relacionados con el calor, entre los que podemos encontrar:

Energía Interna: cantidad total de todas las clases de energía que posee un cuerpo, las cuales se pueden manifestar según las propiedades de éste. Por ejemplo, un metal que posee varios tipos de energía (calórica, potencial gravitacional, química), puede manifestar la que suscite al momento; si éste es alcanzado por un rayo, esa energía es la que manifestará.

Caloría: es una antigua unidad que sirve para medir las cantidades de calor. La caloría-gramo (cal), suele definirse como la cantidad de calor necesario para elevar la temperatura de 1 gramo de agua, por ejemplo, de 14,5 a 15,5 °C. La definición más habitual es que 1 caloría es igual a 4,1840 joules. En ingeniería se emplea la caloría internacional, que equivale a 1/860 vatios/hora (4,1868 J). Una caloría grande o kilocaloría (Cal), muchas veces denominada también caloría, es igual a 1.000 calorías-gramo, y se emplea en dietética para indicar el valor energético de los alimentos.

Calor Específico: es la cantidad de calor necesaria para elevar la temperatura de una unidad de masa de una sustancia en un grado. En el Sistema Internacional de unidades, el calor específico se expresa en julios por kilogramo y kelvin; en ocasiones también se expresa en calorías por gramo y grado centígrado. El calor específico del agua es una caloría por gramo y grado centígrado, es decir, hay que suministrar una caloría a un gramo de agua para elevar su temperatura en un grado centígrado.

Dilatación térmica: Aumento del volumen de los cuerpos al calentarse. Es mayor en los gases que en los líquidos y reducida en los sólidos. Además varía según la composición química de los cuerpos.

Frío. Definiciones

En términos comunes, el frío es, ante todo, una sensación corporal poco cuantificable, mientras que en las ciencias físicas adquiere una dimensión muy diferente. Frío (adjetivo): Que está a una temperatura sensiblemente más baja que la del cuerpo humano. Que ha perdido su calor natural o transmitido, que se ha enfriado.

Frío (substantivo): Estado de la materia cuando está fría (en comparación con el cuerpo humano); sensación térmica que resulta del contacto con un cuerpo o un ambiente frío.

Frío: Como substantivo, el frío designa el calor extraído o que hay que extraer. Definición termodinámica del Nouveau Dictionnaire du Froid de la edición del Institut International du Froid.

El frío es, en termodinámica, la propiedad de un ambiente, relativa a un referencial dado, que se traduce en una temperatura inferior a la de este referencial y que es la consecuencia de una extracción o una pérdida de calor. Para enfriar un sistema, se le tiene que extraer una cierta cantidad de calor. Es **tomar** el **calor para crear el frío.** Naturalmente, si ponemos en contacto dos sistemas, uno frío y otro caliente, van a alcanzar la misma temperatura, comprendida entre la temperatura inicial del cuerpo caliente y la del cuerpo frío. De esta manera, el sistema frío se calienta y lo inverso le sucede al sistema caliente. Esto se observa cuando mezclamos agua fría y agua caliente para tener una buena temperatura para un baño, por ejemplo. Ya que queremos **enfriar un sistema frío. ¿Cómo vencer este fenómeno natural?** La dificultad para producir el frío es cómo pasar el calor de un sistema caliente al sistema frío. Siempre hay dos sistemas porque la energía no puede perderse. **La energía se conserva**: el primer principio de la **termodinámica.**

Sin embargo, podemos observar en nuestro ambiente cotidiano algunos **fenómenos "frigoríficos"** que pueden ayudarnos a entender **cómo podemos crear el frío.** Veamos algunos ejemplos. El **éter líquido**, aplicado sobre la piel, se evapora muy rápidamente, provocando una sensación de frío. A la presión atmosférica, el éter **se vaporiza**. Cambia de fase. Esta reacción necesita energía para realizarse (**reacción endotérmica**), energía que el éter toma de su ambiente, que sería la piel en este ejemplo. Es la piel que **desprende el calor** y que **se enfría.**

El sistema de los frigoristas fue utilizar este principio de cambio de fase, para producir frío de manera artificial. En la tecnología frigorífica, se utiliza un **fluido frigorífico** que se vaporiza tomando el calor de un ambiente a enfriar.

Fluido frigorífico: Fluido evaluado siguiendo un ciclo frigorífico, es decir, que absorba calor a cuerpos de baja temperatura para incorporarla de nuevo en cuerpos de temperatura más alta.

Definición termodinámica del Nouveau Dictionnaire du Froid de la edición l'Institut International du Froid.

El **fluido frigorífico** es una materia costosa y que **puede ser peligrosa** para el medioambiente. Es importante no gastarla, ni echarla de nuevo a la naturaleza. En consecuencia, **cuando se ha vaporizado**, es necesario **reciclarla para poder reutilizarla para vaporizarla** otra vez. Entonces el fluido sigue un ciclo, lo que **es la base de toda la tecnología del frío.**

Temperatura

Mediante el contacto de la epidermis con un objeto se perciben sensaciones de frío o de calor, siendo está muy caliente. Los conceptos de calor y frío son totalmente relativos y sólo se pueden establecer con la relación a un cuerpo de referencia como, por ejemplo, la mano del hombre. Lo que se percibe con más precisión es la temperatura del objeto o, más exactamente todavía, la diferencia entre la temperatura del mismo y la de la mano que la toca. Ahora bien, aunque la sensación experimentada sea tanto más intensa cuanto más elevada sea la temperatura, se trata sólo una apreciación muy poco exacta que no puede considerarse como medida de temperatura. Para efectuar esta última se utilizan otras propiedades del calor, como la dilatación, cuyos efectos son susceptibles. Con muy pocas excepciones todos los cuerpos aumentan de volumen al calentarse y disminuyen cuando se enfrían. En caso de los sólidos, el volumen suele incrementarse en todas las direcciones se puede observar este fenómeno en una de ellas con experiencia del *pirómetro del cuadrante*. El pirómetro del cuadrante consta de una barra metálica apoyada en dos soportes, uno de los cuales se fija con un tornillo, mientras que el otro puede deslizarse y empujar una palanca acodada terminada por una aguja que recorre un cuadrante o escala cuadrada. Cuando, mediante un mechero, se calienta fuertemente la barra, está se dilata y el valor del alargamiento, ampliado por la palanca, aparece en el cuadrante. Otro experimento igualmente característico es el llamado del *anillo de Gravesande*. Este aparato se compone de un soporte del que cuelga una esfera metálica cuyo diámetro es ligeramente inferior al de un anillo el mismo metal por el cual puede pasar cuando las dos piezas están a la misma temperatura. Si se calienta la esfera dejando el anillo a la temperatura ordinaria, aquella se dilata y no pasa por el anillo; en cambio puede volver a hacerlo una vez enfriada o en el caso en que se haya calentando simultáneamente y a la misma temperatura la esfera y el anillo.

La dilatación es, por consiguiente, una primera propiedad térmica de los cuerpos, que permite llegar a la noción de la temperatura. La segunda magnitud fundamental es la *cantidad de calor* que se supone reciben o ceden los cuerpos al calentarse o al enfriarse, respectivamente. La cantidad de calor que hay que proporcionar a un cuerpo para que su temperatura aumente en un número de unidades determinado es tanto mayor cuanto más elevada es la masa de dicho cuerpo y es proporcional a lo que se denomina *calor específico* de la sustancia de que está constituido. Cuando se calienta un cuerpo en uno de sus puntos, el calor se propaga a los que son próximos y la diferencia de temperatura entre el punto calentado directamente y otro situado a cierta distancia es tanto menor cuando mejor conducto del calor es dicho cuerpo. Si la *conductibilidad térmica* de un cuerpo es pequeña, la transmisión del calor se manifiesta por un descenso rápido de la temperatura entre el punto calentado y otro próximo. Así sucede con el vidrio, la porcelana, el caucho, etc. En el caso contrario, por ejemplo con metales como el cobre y la plata, la conductibilidad térmica es muy grande y la disminución de temperatura entre un punto calentado y el otro próximo es muy reducida. Se desprende de lo anterior que el estudio del calor sólo puede hacerse después de haber definido de una manera exacta los dos términos relativos al propio calor, es decir, la temperatura, que se expresa en *grados*, y la cantidad de calor, que se expresa en *calorías*. Habrá que definir después algunas propiedades específicas de los cuerpos en su manera de comportarse con respecto al calor y la conductibilidad térmica.

Unidades

Cinco escalas diferentes de temperatura están en uso en estos días:

Celsius, conocida también como escala centígrada.

Fahrenheit

Kelvin

Rankine

La escala internacional de temperatura termodinámica

La escala centígrada (Celsius), con un punto de congelación de 0° C y un punto de ebullición de 100°C, se usa ampliamente en todo el mundo, particularmente para el trabajo científico, aunque que se destituida oficialmente en 1950 por la escala internacional de temperatura.

La escala Fahrenheit, usada en países de habla inglesa es usada no solo con propósitos de trabajo científico sino con otros y con base en el termómetro de mercurio, el punto de congelación del agua se define en 32° F y el punto de ebullición en 212° F.

En la escala Kelvin (°K), la más usualmente usada en escala termodinámica de temperatura, el cero se define como el cero absoluto de la temperatura, que es, -273.15°C ó -459.67° F.

Otra escala que emplea el cero absoluto como su punto más bajo es la escala de Rankine, en la cual cada grado de temperatura es equivalente a un grado de la escala Fahrenheit. El punto de congelación del agua en la escala de Rankine es de 492° R, y el punto de ebullición es de 672° R.

En 1933 científicos de 31 naciones adoptaron una escala de temperatura internacional nueva con puntos adicionales fijos de temperatura, con base en la escala de Kelvin y con principios termodinámicos. La escala internacional es con base en la propiedad eléctrica de resistencia, con cable de platino como la temperatura base entre los -190° y 660° C.

Arriba de los 660° C, hasta el punto de derretimiento del oro, 1063° C, se usa para puntos de temperatura más altos, a partir de este punto las mediciones de temperatura son medidas por el llamado pirómetro óptico, que usa la intensidad de luz de una onda emitida por un cuerpo caliente para el propósito.

Pasaje de Escalas Comunes

Las dos escalas de temperatura de uso común son la Celsius (llamada anteriormente ''centígrada'') y la Fahrenheit. Estas se encuentran definidas en términos de la escala Kelvin, que es la escala fundamental de temperatura en la ciencia.

La escala Celsius de temperatura usa la unidad ''grado Celsius'' (símbolo 0C), igual a la unidad ''Kelvin''. Por esto, los intervalos de temperatura tienen el mismo valor numérico en las escalas Celsius y Kelvin. La definición original de la escala Celsius se ha sustituido por otra que es más conveniente.

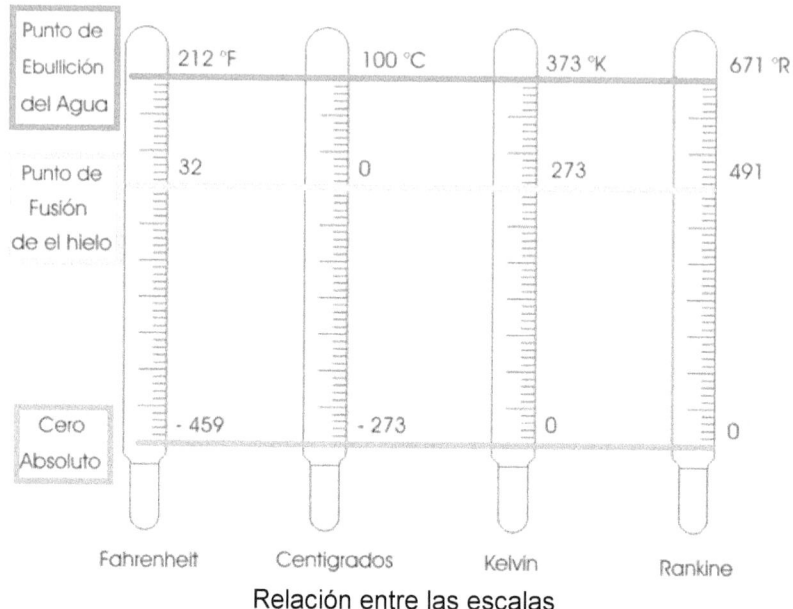

Relación entre las escalas

Sí hacemos que T_c represente la escala de temperatura, entonces:

$$T_c = T - 273.15^0$$

Relaciona la temperatura Celsius T_c (0C) y la temperatura Kelvin T (K). Vemos que el punto triple del agua (=273.16K por definición), corresponde a 0.010^0 C. La escala Celsius se definió de tal manera que la temperatura a la que el hielo y el aire saturado con agua se encuentran en equilibrio a la presión atmosférica, el llamado punto de hielo es 0.00 º C y la temperatura a la que el vapor y el agua líquida, están en equilibrio a 1 atm. de presión, punto del vapor, es de 100.00 º C.

La escala Fahrenheit, todavía se usa en algunos países que emplean el idioma ingles aunque usualmente no se usa en el trabajo científico. Se define que la relación entre las escalas Fahrenheit y Celsius es:

$$T_F = 32 + \frac{9}{5} T_c$$

De esta relación podemos concluir que el punto del hielo (0.00 ° C) es igual a   32.0 ° F, y que el punto del vapor (100.0 ° C) es igual a 212.0 0F, y que un grado Fahrenheit es exactamente igual 5/9 del tamaño de un grado Celsius.

FORMAS DE TRANSMISIÓN DEL CALOR

Transferencia del Calor

• *Por Conducción*

En los sólidos, la única forma de transferencia de calor es la conducción, la cual se da por contacto directo entre las sustancias. Por ejemplo, si se calienta un extremo de una varilla metálica, de forma que aumente su temperatura, el calor se transmite hasta el extremo más frío por conducción. No se comprende en su totalidad el mecanismo exacto de la conducción de calor en los sólidos, pero se cree que se debe, en parte, al movimiento de los electrones libres que transportan energía cuando existe una diferencia de temperatura y el movimiento que los mismos átomos ejercen. Esta teoría explica por qué los buenos conductores eléctricos también tienden a ser buenos conductores del calor, como lo son los metales de transición interna.

• *Por Convección*

Si existe una diferencia de temperatura en el interior de un líquido o un gas, es casi seguro que se producirá un movimiento del fluido. Este movimiento transfiere calor de una parte del fluido a otra por un proceso llamado convección. El movimiento del fluido puede ser natural o forzado. Si se calienta un líquido o un gas, su densidad (masa por unidad de volumen) suele disminuir. Si el líquido o gas se encuentra en el campo gravitatorio, el fluido más caliente y menos denso asciende, mientras que el fluido más frío y más denso desciende. Este tipo de movimiento, debido exclusivamente a la no uniformidad de la temperatura del fluido, se denomina convección natural. La convección forzada se logra sometiendo el fluido a un gradiente de presiones, con lo que se fuerza su movimiento de acuerdo a las leyes de la mecánica de fluidos.

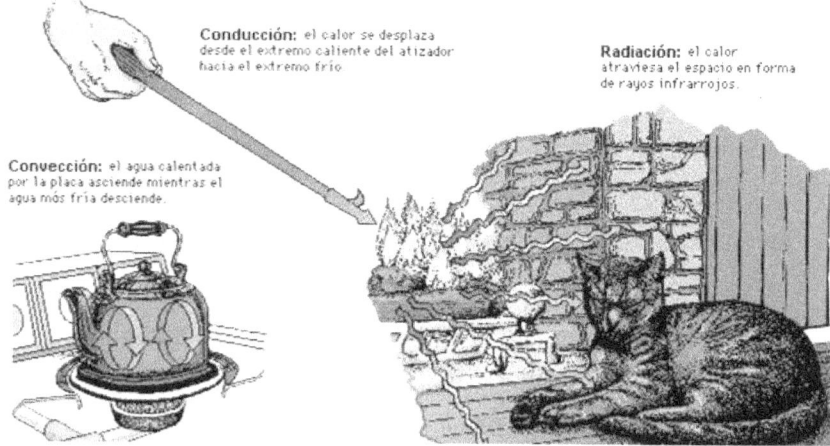

Conducción: el calor se desplaza desde el extremo caliente del atizador hacia el extremo frío

Radiación: el calor atraviesa el espacio en forma de rayos infrarrojos.

Convección: el agua calentada por la placa asciende mientras el agua más fría desciende.

Supongamos, por ejemplo, que calentamos desde abajo una cacerola llena de agua. El líquido más próximo al fondo se calienta por el calor que se ha transmitido por conducción a través de la cacerola. Al expandirse, su densidad disminuye y como resultado de ello el agua caliente asciende y parte del fluido más frío baja hacia el fondo, con lo que se inicia un movimiento de circulación. El líquido más frío vuelve a calentarse por conducción, mientras que el líquido más caliente situado arriba pierde parte de su calor por radiación y lo cede al aire situado por encima.

• *Por Radiación*

La radiación presenta una diferencia respecto a la conducción y la convección: las sustancias que intercambian calor no tienen que estar en contacto, sino que pueden estar separadas por un vacío. La radiación es un término que se aplica genéricamente a toda clase de fenómenos relacionados con ondas electromagnéticas. La única explicación general satisfactoria de la radiación electromagnética es la teoría cuántica. En 1905, Albert Einstein sugirió que la radiación se comporta, a veces, como minúsculos proyectiles llamados fotones y no como ondas. Para cada temperatura y cada longitud de onda existe un máximo de energía radiante. Sólo un cuerpo ideal (cuerpo negro) emite radiación ajustándose exactamente a la ley de Planck. Los cuerpos reales emiten con una intensidad algo menor. La contribución de todas las longitudes de onda a la energía radiante emitida se denomina poder emisor del cuerpo, y corresponde a la cantidad de energía emitida por unidad de superficie del cuerpo y por unidad de tiempo.

Según la ley de Planck, todas las sustancias emiten energía radiante sólo por tener una temperatura superior al cero absoluto. Cuanto mayor es la temperatura, mayor es la cantidad de energía emitida. Además de emitir radiación, todas las sustancias son capaces de absorberla. Las superficies opacas pueden absorber o reflejar la radiación incidente. Generalmente, las superficies mates y rugosas absorben más calor que las superficies brillantes y pulidas, y las superficies brillantes reflejan más energía radiante que las superficies mates. Además, las sustancias que absorben mucha radiación también son buenos emisores; las que reflejan mucha radiación y absorben poco son malos emisores. Algunas sustancias, entre ellas muchos gases y el vidrio, son capaces de transmitir grandes cantidades de radiación.

El vidrio, por ejemplo, transmite grandes cantidades de radiación ultravioleta, de baja longitud de onda, pero es un mal transmisor de los rayos infrarrojos, de alta longitud de onda.

TERMOMETRÍA. DILATACIÓN. CAMBIOS DE ESTADO. COMPORTAMIENTO DE LOS GASES

Termometría. Medición de la temperatura

La medición de temperatura se lleva a cabo con instrumentos denominados *"termómetros"* (éstos se denominan *"pirómetros"* si están destinados a la medición de temperaturas muy elevadas), que se basan en una sustancia (sustancia termométrica), una de cuyas propiedades (propiedad termométrica) varía con la temperatura.

Puesto que casi todas las propiedades de la materia son función de la temperatura, es explicable que existan diversos tipos de termómetros que se adaptan a gran cantidad de usos, exigencias y rangos de temperatura. Sin embargo y a pesar de ello, la medición de temperaturas con pequeños márgenes de incerteza, se encuentra entre las operaciones que mayor cuidado y planificación exigen al técnico y al científico.

Un termómetro debe reunir ciertos requisitos ineludibles:

- No debe perturbar apreciablemente la temperatura que se pretende determinar.
- No debe reaccionar químicamente con el medio cuya temperatura se pretende medir.
- Debe presentar efectos residuales dependientes de su historia previa en margen no mensurable.
- Debe alcanzar el equilibrio térmico con el medio ambiente en lapsos razonables.
- No debe perturbar la dinámica del fenómeno que origina el cambio de temperatura.

Estas no son todas las dificultades inherentes a la medición de temperaturas ya que existen dos factores aún más determinantes que la dificultan:

Dos termómetros basados en distintas propiedades termométricas y correctamente calibrados en forma independiente, arrojan para un mismo estado térmico, distintos valores de la temperatura ya que, en general las leyes de variación x = f (t) de la propiedad termométrica x con la temperatura t son distintas. Esto hace necesario relacionar un tipo particular de termómetro, una determinada sustancia termométrica y una particular propiedad termométrica para emplearlo, entre todos los posibles como termómetro patrón.

Vista la necesidad de relacionar un termómetro patrón, éste deberá reunir dos requisitos:

- Tener un error mínimo.
- Ser compatible consigo mismo. (Esto es: llevado al mismo estado térmico al cabo de un tiempo cualquiera y un número arbitrario de veces, su indicación debe ser siempre la misma).

Ninguno de estos dos requisitos puede ser fácilmente satisfecho, empero el primero puede ser resuelto (aun cuando muy arduamente) por la calibración cuidadosa, mientras que el segundo es una limitación de la materia y del dispositivo, no resoluble por el proceso.

Termómetro de gas a volumen constante

La experiencia ha demostrado que las mínimas variaciones en las lecturas de temperatura, se encuentran entre los termómetros de gas a volumen constante (ello se debe a que los efectos residuales son despreciables). Cabe acotar que cuando se reduce la cantidad de gas en el bulbo (es decir la presión), la variación de las lecturas se reduce también, tendiendo a ser independientes del gas empleado, esto es, existe una característica fundamental en un termómetro de gas a volumen constante que contenga gas a baja presión: *sus indicaciones son prácticamente independientes de la sustancia termométrica empleada.*

El termómetro de gas consta de un bulbo de vidrio, porcelana, cuarzo, platino o platino-iridio (según los límites de temperatura entre los cuales se utilice), conectado mediante un tubo capilar con un manómetro de mercurio. El bulbo que contiene algo de gas, se introduce en el baño o medio ambiente cuya temperatura se quiere determinar, de forma que el gas se dilate o se contraiga. Para mantener constante el volumen del gas, se sube o baja el depósito D, de manera que le mercurio en la rama izquierda coincida con la marca testigo F. La presión del gas es entonces:

$$p_g = \rho.h + p_a$$

Donde p_a es la presión atmosférica determinada con un barómetro adecuado.

En estas condiciones la temperatura T se define como:

$$T = \left[273{,}16.\frac{p_g}{p_0} \right]\,^oK$$

En la cual 273,16 es una, p_0 la presión cuando el bulbo está en una celda de punto triple del agua y p_g la presión sometida a todas las correcciones necesarias.

En la práctica este dispositivo aparentemente tan simple, es en realidad extremadamente complejo de operar y de calibrar, dada la cantidad de correcciones que se deben hacer, en general sólo puede operarlo personal muy calificado y sólo en instalaciones especialmente diseñadas al efecto.

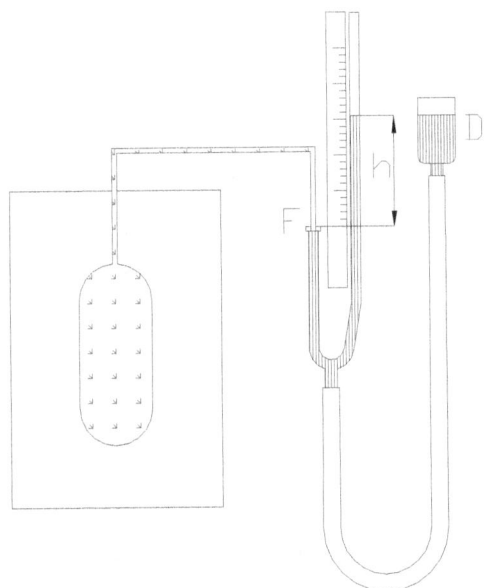

Funcionamiento del termómetro

Tipos de termómetros

Existen diferentes tipos de termómetros dependiendo de la propiedad o variable termométrica escogida.

Termómetro de Gas a volumen constante: En este instrumento la variable que mide la temperatura es la presión de un gas que se mantiene a volumen constante. Se ha escogido este termómetro como patrón porque los valores de la temperatura que se obtienen con él son independientes del gas utilizado.

Pirómetro óptico: la temperatura del objeto (un horno por ejemplo) se obtiene comparando el color de la llama con el del filamento de una lámpara eléctrica.

La variable termométrica tiene que ver con la frecuencia de la luz, magnitud que determina el color de lo que vemos.

Termómetro Metálico: En este caso se aprovecha la dilatación de dos varillas metálicas para medir la temperatura y la variable termométrica está relacionada con el cambio de longitud de las dos varillas. El calentamiento hace que una espiral bimetálica se curve, moviendo la aguja que señala el valor de la temperatura.

Termómetro Clínico: debido al estrechamiento en la base del tubo capilar, la columna de Hg (Mercurio) no puede regresar al depósito. Por ello, este termómetro sigue indicando la temperatura de una persona, aunque ya no esté en contacto con ella. La variable utilizada para medir la temperatura es la longitud de la columna de mercurio.

Termómetro de Máxima y Mínima: este aparato indica, por medio de dos índices, las temperaturas máxima y mínima que se producen en cierto intervalo de tiempo.

Termómetro de Resistencia: En este termómetro se mide la temperatura de los cuerpos a través de los cambios que experimenta la resistencia de un material con la energía térmica.

Termómetro de par metálico: La variable para medir la temperatura es el voltaje generado en la unión de dos metales diferentes, el cual varía al cambiar la temperatura. El sistema tiene dos uniones metálicas: una es usada como sensor de la temperatura y la otra es mantenida a una temperatura de referencia. Este termómetro es muy exacto y se puede utilizar para muchas aplicaciones donde otros resultan limitados.

Temperatura Absoluta: Un termómetro de alcohol y un termómetro de mercurio aunque coincidan al medir la temperatura del punto de congelación y el de ebullición del agua, difieren al medir cualquier temperatura intermedia. Dependiendo del termómetro y de la escala de temperatura que utilice, los valores de la temperatura que un determinado termómetro puede medir para un mismo fenómeno, son diferentes; y como en el caso mencionado al principio del párrafo, termómetros calibrados en la misma escala, difieren en el valor medido cuando las sustancias o las variables termométricas son distintas.

Sin embargo, es posible definir una escala de temperatura independiente de la sustancia que se utilice y que refleje con mayor cercanía el concepto de temperatura como medida de la energía de las partículas. Esta es la escala absoluta de temperatura, en la cual existe un cero absoluto por debajo del cual no existe ninguna temperatura y corresponde a un estado en el cual la energía de las partículas, átomos o moléculas, es mínima. Para medir en esta escala de temperaturas se utiliza un **termómetro de gas** a volumen constante, el cual utiliza como sustancia termométrica, un gas en un estado particular llamado gas ideal. En esta escala, se le asigna al estado en el cual coexisten: el agua líquida, el hielo y el vapor de agua, llamado punto triple del agua, una temperatura igual a 273,16. La razón de esto se debe a que este estado sólo ocurre a una temperatura y presión específica. A la unidad de temperatura de esta escala se le llama Kelvin y se denota con la letra K (no °K) y es la unidad de temperatura adoptada por el sistema internacional de medidas. El tamaño de un kelvin es igual al tamaño de un grado centígrado, de tal manera que para convertir grados centígrados a Kelvin se le suma la cantidad 273.16 a la temperatura en grados centígrados y el resultado será la temperatura en kelvin, es decir:

$$T = Tc + 27316$$

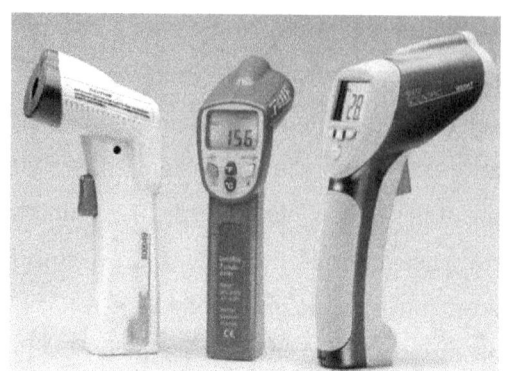

Termómetros digitales termoláser por infrarrojos

DILATACIÓN. DILATABILIDAD DE LOS CUERPOS

Dilatación de los sólidos

Dilatación, aumento de tamaño de los materiales, a menudo por efecto del aumento de temperatura. Los diferentes materiales aumentan más o menos de tamaño, y los sólidos, líquidos y gases se comportan de modo distinto. Para un sólido en forma de barra, el coeficiente de dilatación lineal (cambio porcentual de longitud para un determinado aumento de la temperatura) puede encontrarse en las correspondientes tablas. Por ejemplo, el coeficiente de dilatación lineal del acero es de 12×10^{-6} K^{-1}. Esto significa que una barra de acero se dilata en 12 millonésimas partes por cada kelvin (1 kelvin, o 1 K, es igual a 1 grado Celsius, o 1 °C). Si se calienta un grado una barra de acero de 1 m, se dilatará 0,012 mm. Esto puede parecer muy poco, pero el efecto es proporcional, con lo que una viga de acero de 10 m calentada 20 grados se dilata 2,4 mm, una cantidad que debe tenerse en cuenta en ingeniería. También se puede hablar de coeficiente de dilatación superficial de un sólido, cuando dos de sus dimensiones son mucho mayores que la tercera, y de coeficiente de dilatación cúbica, cuando no hay una dimensión que predomine sobre las demás.

Para los líquidos, el coeficiente de dilatación cúbica (cambio porcentual de volumen para un determinado aumento de la temperatura) también puede encontrarse en tablas y se pueden hacer cálculos similares. Los termómetros comunes utilizan la dilatación de un líquido —por ejemplo, mercurio o alcohol— en un tubo muy fino (capilar) calibrado para medir el cambio de temperatura.

La dilatación térmica de los gases es muy grande en comparación con la de sólidos y líquidos, y sigue la llamada ley de Charles y Gay-Lussac. Esta ley afirma que, a presión constante, el volumen de un gas ideal (un ente teórico que se aproxima al comportamiento de los gases reales) es proporcional a su temperatura absoluta. Otra forma de expresarla es que por cada aumento de temperatura de 1 °C, el volumen de un gas aumenta en una cantidad aproximadamente igual a 1/273 de su volumen a 0 °C. Por tanto, si se calienta de 0 °C a 273 °C, duplicaría su volumen.

Cualquiera que observe, lo que sucede a su alrededor, se da cuenta que muchos materiales se hacen más grandes cuando su temperatura se eleva. La descripción de la temperatura en términos del movimiento molecular aclara este fenómeno. Algunos cuerpos llegan a romperse, debido a las deformaciones resultantes de la dilatación térmica.

Aumentos de temperatura:

T= 0 20 40 60 80 100 (en °C)

Aumentos de longitud:

T= 0 0,12 0,24 0,36 0,48 0,60 (en mm)

Puesto que a un aumento de temperatura corresponde un aumento de longitud, y no solo eso, sino que a un aumento de temperatura doble, corresponde a un aumento de longitud doble, y así sucesivamente.

Dilatación de los líquidos

Dilatación aparente: En realidad, cuando se calienta el líquido contenido en un recipiente, también se dilata el recipiente, de modo que a la dilatación que observamos **es la dilatación aparente del líquido.**

Dilatación verdadera: Es la suma de la dilatación aparente más la del recipiente.

Densidad del agua a distinta temperaturas en gr/cm^3
0^0C.. 0,999868
1^0C.. 0,999927
2^0C.. 0,999968
4^0C.. 1,000000
5^0C.. 0,999992
10^0C.. 0,999727
15^0C.. 0,999126
20^0C.. 0,998230

Dilatación térmica cúbica

Análogamente, un cuerpo de volumen Vo experimenta una variación de volumen V, cuando hay una T.

El coeficiente de dilatación térmica cúbica Y representa el aumento o disminución de volumen de cada unidad de volumen cuando la temperatura aumenta o disminuye 1°C.

Vo = Volumen inicial

Y = 3 aproximadamente

Dilatación de los gases

Dilatación de un gas a presión constante

Los gases siguen una ley semejante a la que siguen los sólidos y los líquidos: Hay un coeficiente de dilatación del gas: 1, que llamaremos coeficiente de dilatación de un gas a presión constante.

1. - El aumento de volumen es directamente proporcional al aumento de temperatura, cuando la presión permanecer constante.

2. - El aumento de volumen es directamente proporcional al volumen inicial cuando la presión permanece constante.

Pero al tratarse de comprobar con distintos gases si cada uno tiene su coeficiente de dilatación a presión constante, nos encontramos con una cosa curiosa.

3. - El coeficiente de dilatación a presión constante tiene el mismo valor para todos los gases

Dilatación de un gas a volumen constante (Ley de Gay Lussac)

Lo que ahora queremos estudiar no es la variación del volumen con la temperatura, pues el volumen permanece constante, sino, **como varía la presión cuando varía la temperatura.**

Midiendo encontraremos que:

1. -Las variaciones de presión son directamente proporcionales a las variaciones de temperatura cuando el volumen permanece constante.

2. - Las variaciones de presión son directamente proporcionales a la presión inicial, cuando el volumen permanece constante.

Experimentando con gases distintos, encontraremos que:

3. - El coeficiente de dilatación a volumen constante es el mismo para todos los gases.

Los gases nos tienen reservada otra gran sorpresa:
El coeficiente de dilatación a volumen constante es igual al coeficiente de dilatación a presión constante

Cambios de estados

Los diferentes estados en que podemos encontrar la materia de este universo en el que vivimos se denominan estados de agregación de la materia, porque son las distintas maneras en que la materia se "agrega", distintas presentaciones de un conjunto de átomos. Los estados de la materia son cinco: Sólido, Líquido, Gaseoso, Plasma, Condensado de Bose-Einstein. Los tres primeros son de sobra conocidos por todos nosotros y los encontramos en numerosas experiencias de nuestro día a día. El sólido lo experimentamos en los objetos que utilizamos, el líquido en el agua que bebemos y el gas en el aire que respiramos, en tanto que los otros son nos rodean, aunque los experimentamos de forma indirecta.

Es interesante analizar que los griegos sostenían que el universo estaba formado por cuatro elementos: aire, agua, tierra y fuego. Haciendo un símil, podríamos asignar un elemento físico a cada elemento filosófico:

Aire - Gas

Agua - Líquido

Tierra - Sólido

Fuego - Plasma

Estados comunes de Agregación de la Materia

• *Estado Sólido*

Los sólidos se caracterizan por tener forma y volumen constantes. Esto se debe a que las partículas que los forman están unidas por unas fuerzas de atracción grandes de modo que ocupan posiciones casi fijas. En el estado sólido las partículas solamente pueden moverse vibrando u oscilando alrededor de posiciones fijas, pero no pueden moverse trasladándose libremente a lo largo del sólido. Las partículas en el estado sólido propiamente dicho, se disponen de forma ordenada, con una regularidad espacial geométrica, que da lugar a diversas estructuras cristalinas. Al aumentar la temperatura aumenta la vibración de las partículas.

• *Estado Líquido*

Los líquidos, al igual que los sólidos, tienen volumen constante. En los líquidos las partículas están unidas por unas fuerzas de atracción menores que en los sólidos, por esta razón las partículas de un líquido pueden trasladarse con libertad. El número de partículas por unidad de volumen es muy alto, por ello son muy frecuentes las colisiones y fricciones entre ellas. Así se explica que los líquidos no tengan forma fija y adopten la forma del recipiente que los contiene. También se explican propiedades como la fluidez o la viscosidad. En los líquidos el movimiento es desordenado, pero existen asociaciones de varias partículas que, como si fueran una, se mueven al unísono. Al aumentar la temperatura aumenta la movilidad de las partículas (su energía).

• *Estado Gaseoso*

Los gases, igual que los líquidos, no tienen forma fija pero, a diferencia de éstos, su volumen tampoco es fijo. También son fluidos, como los líquidos. En los gases, las fuerzas que mantienen unidas las partículas son muy pequeñas. En un gas el número de partículas por unidad de volumen es también muy pequeño. Las partículas se mueven de forma desordenada, con choques entre ellas y con las paredes del recipiente que los contiene. Esto explica las propiedades de expansibilidad y compresibilidad que presentan los gases: sus partículas se mueven libremente, de modo que ocupan todo el espacio disponible. La compresibilidad tiene un límite, si se reduce mucho el volumen en que se encuentra un gas éste pasará a estado líquido.

Al aumentar la temperatura las partículas se mueven más deprisa y chocan con más energía contra las paredes del recipiente, por lo que aumenta la presión

Otros Estados

• Estado de Plasma o Plasmático

El plasma es un gas ionizado, esto quiere decir que es una especie de gas donde los átomos o moléculas que lo componen han perdido parte de sus electrones o todos ellos. Así, el plasma es un estado parecido al gas, pero compuesto por electrones, cationes (iones con carga positiva) y neutrones. En muchos casos, el estado de plasma se genera por combustión.

El Sol situado en el centro de nuestro sistema solar está en estado de plasma, no es sólido, y los conocidos tubos fluorescentes contienen plasma en su interior (vapor de mercurio). Las luces de neón y las luces urbanas usan un principio similar. La ionosfera, que rodea la tierra a 70-80 km de la superficie terrestre, se encuentra también en estado de plasma. El viento solar, responsable de las deliciosas auroras boreales, es un plasma también. En realidad, el 99% de la material conocida del universo se encuentra en estado de plasma. Aunque también es verdad que sólo conocemos el 10% de la material que compone el universo. Esto significa que el escaso 105 de materia que hemos estudiado, el 99% es plasma, o sea, casi todo es plasma en el universo.

• *Condensado de Bose – Einstein*

En 1920, Santyendra Nath Bose desarrolló una estadística mediante la cual se estudiaba cuándo dos fotones debían ser considerados como iguales o diferentes. Envió sus estudios a Albert Einstein, con el fin de que le apoyara a publicar su novedoso estudio en la comunidad científica y, además de apoyarle, Einstein aplicó lo desarrollado por Bose a los átomos. Predijeron en conjunto el quinto estado de la materia en 1924. No todos los átomos siguen las reglas de la estadística de Bose-Einstein. Sin embargo, los que lo hacen, a muy bajas temperaturas, se encuentran todos en el mismo nivel de energía.

Cambios de estado

Cuando un cuerpo, por acción del calor o del frío pasa de un estado a otro, decimos que ha cambiado de estado. En el caso del agua: cuando hace calor, el hielo se derrite y si calentamos agua líquida vemos que se evapora. El resto de las sustancias también puede cambiar de estado si se modifican las condiciones en que se encuentran. Además de la temperatura, también la presión influye en el estado en que se encuentran las sustancias.

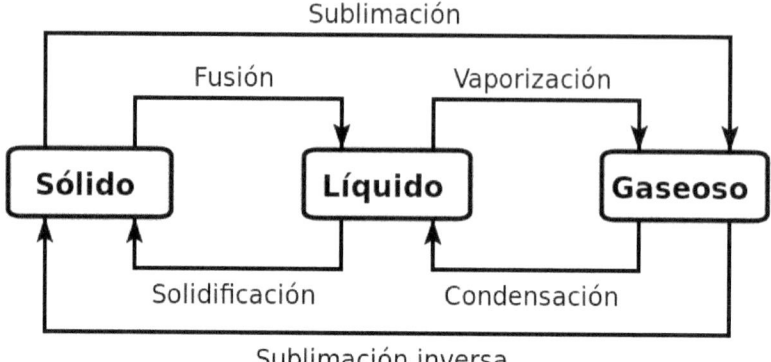

Comportamiento de los gases

Teoría cinética de los gases

La termodinámica se ocupa solo de variables microscópicas, como la presión, la temperatura y el volumen. Sus leyes básicas, expresadas en términos de dichas cantidades, no se ocupan para nada de que la materia está formada por átomos. Sin embargo, la mecánica estadística, que estudia las mismas áreas de la ciencia que la termodinámica, presupone la existencia de los átomos. Sus leyes básicas son las leyes de la mecánica, las que se aplican en los átomos que forman el sistema. No existe una computadora electrónica que pueda resolver el problema de aplicar las leyes de la mecánica individualmente a todos los átomos que se encuentran en una botella de oxígeno, por ejemplo. Aun si el problema pudiera resolverse, los resultados de estos cálculos serian demasiados voluminosos para ser útiles. Afortunadamente, no son importantes las historias individuales detalladas de los átomos que hay en un gas, si sólo se trata de determinar el comportamiento microscópico del gas. Así, aplicamos las leyes de la mecánica estadísticamente con lo que nos damos cuenta de que podemos expresar todas las variables termodinámicas como promedios adecuados de las propiedades atómicas. Por ejemplo, la presión ejercida por un gas sobre las paredes de un recipiente es la rapidez media, por unidad de área, a la que los átomos de gas transmiten ímpetu a la pared, mientras chocan con ella. En realidad el número de átomos en un sistema microscópico, casi siempre es tan grande, que estos promedios definen perfectamente las cantidades. Podemos aplicar las leyes de la mecánica estadísticamente a grupos de átomos en dos niveles diferentes. Al nivel llamado teoría cinética, en el que procederemos en una forma más física, usando para promediar técnicas matemáticas bastantes simples. En otro nivel, podemos aplicar las leyes de la mecánica usando técnicas que son más formales y abstractas que las de la teoría cinética. Este enfoque desarrollado por J. Willard Gibbs (1839-1903) y por Ludwig Boltzmann (1844-1906) entre otros, se llama mecánica estadística, un término que incluye a la teoría cinética como una de sus ramas. Usando estos métodos podemos derivar las leyes de la termodinámica, estableciendo a esta ciencia como una rama de la mecánica. El florecimiento pleno de la mecánica estadística (estadística cuántica), que comprende la aplicación estadística de las leyes de la mecánica cuántica, más que las de la mecánica clásica para sistemas de muchos átomos.

Gas ideal: Una descripción macroscópica
Hagamos que cierta cantidad de gas esté confinada en un recipiente del volumen V. Es claro que podemos reducir su densidad, retirando algo de gas en el recipiente, o colocando el gas en un recipiente más grande. Encontramos experimentalmente que a densidades lo bastante pequeñas, todos los gases tienden a mostrar ciertas relaciones simples entre las variables termodinámicas p,V y T. Esto sugiere el concepto de un gas ideal, uno que tendrá el mismo comportamiento simple, bajo todas las condiciones de temperatura y presión.

Dado cualquier gas en un estado de equilibrio térmico, podemos medir su presión p, su temperatura T y su volumen V. Para valores suficientes pequeños la densidad, los experimentos demuestran que (1) para una masa dada de gas que se mantiene a temperatura constante, la presión es inversamente proporcional al volumen (ley de Boyle), y (2) para una masa dada de gas que se mantiene a presión constante, el volumen es directamente proporcional a la temperatura (ley de Charles y Gay Lussac). Podemos resumir estos resultados experimentales por medio de la relación:

$$\frac{pV}{T} =$$

Una constante (para una masa fija de gas).
El volumen ocupado por un gas a una presión y temperaturas dadas, es proporcional a la masa del gas.

$$\frac{pV}{T} =$$

Así, la constante de la ecuación una constante, también debe ser proporcional a la masa del gas, por ello:

$$\frac{pV}{T} =$$

Escribimos la constante de la ecuación una constante; como nR, donde n es el número de moles de gas en la muestra y R es una constante que debe determinarse en forma experimental para cada gas. Los experimentos demuestran que, a densidades suficientes pequeñas, R tiene el mismo valor para todos los gases, a saber,

R = 8.314 J/mol K = 1.986 cal/mol K

$$\frac{pV}{T} =$$

R se llama la constante universal de los gases. Con esto escribimos la ecuación una constante, en la forma:

pV=nRT, y definimos a un gas ideal, como aquel que obedece esta relación bajo todas las condiciones. No existe algo que sean verdad un gas ideal, pero sigue siendo concepto muy útil y sencillo, relacionado realmente, con el hecho que todos los gases reales se aproximan a la abstracción de los gases ideales en su comportamiento, siempre que la densidad sea suficientemente pequeña. pV=nRT se llama ecuación de estado de un gas ideal.

Si pudiéramos llenar al bulbo de un termómetro de gas (ideal) a volumen constante, un gas ideal, de veríamos, de acuerdo con la ecuación pV=nRT, que podemos definir la temperatura en términos de sus lecturas de presión; esto es: (gas ideal).

$$T = \left(\frac{P}{P_{tr}}\right) x\, 273.16\, K$$

Aquí P_{tr} es la presión del gas en el punto triple del agua, en el que la temperatura P_{tr} es por definición 273.16 K. En la práctica, debemos llenar nuestro termómetro con un gas real y medir la temperatura extrapolando a la densidad cero, usando la ecuación:

$$T = \left[\lim \frac{P}{P_{tr}}\right] x\, 273.16\, K$$

Gas ideal

Desde el punto de vista microscópico, definimos a un gas ideal haciendo las siguientes suposiciones, con lo que nuestra tarea será la de aplicar las leyes de la mecánica clásica, estadísticamente, a los átomos del gas y demostrar que nuestra definición microscópica es consecuente con la definición macroscópica de la sección procedente:

1.- Un gas está formado por partículas llamadas moléculas. Dependiendo del gas, cada molécula está formada por un átomo o un grupo de átomos. Si el gas es un elemento o un compuesto en su estado estable, consideramos que todas sus moléculas son idénticas.

2.- Las moléculas se encuentran animadas de movimiento aleatorio y obedecen las leyes de Newton del movimiento. Las moléculas se mueven en todas direcciones y a velocidades diferentes. Al calcular las propiedades del movimiento suponemos que la mecánica newtoniana se puede aplicar en el nivel microscópico. Como para todas nuestras suposiciones, esta mantendrá o desechara, dependiendo de si los hechos experimentales indican o no que nuestras predicciones son correctas.

3.- El número total de moléculas es grande. La dirección y la rapidez del movimiento de cualquiera de las moléculas pueden cambiar bruscamente en los choques con las paredes o con otras moléculas. Cualquiera de las moléculas en particular, seguirá una trayectoria de zigzag, debido a dichos choques. Sin embargo, como hay muchas moléculas, suponemos que el gran número de choques resultante mantiene una distribución total de las velocidades moleculares con un movimiento promedio aleatorio,

4.- El volumen de las moléculas es una fracción despreciablemente pequeña del volumen ocupado por el gas. Aunque hay muchas moléculas, son extremadamente pequeñas. Sabemos que el volumen ocupado por una gas se puede cambiar en un margen muy amplio, con poca dificultad y que, cuando un gas se condensa, el volumen ocupado por el líquido puede ser miles de veces menor que la del gas se condensa, el volumen ocupado por el líquido puede ser miles de veces menor que el del gas. De aquí que nuestra suposición es posible.

5.- No actúan fuerzas apreciables sobre las moléculas, excepto durante los choques. En el grado de que esto sea cierto, una molécula se moverá con velocidad uniforme entre los choques. Como hemos supuesto que las moléculas son tan pequeñas, la distancia media entre ellas es grande en comparación con el tamaño de una de las moléculas. De aquí que suponemos que el alcance de las fuerzas moleculares es comparable al tamaño molecular.

6.- Los choques son elásticos y de duración despreciable. En las choques entre las moléculas con las paredes del recipiente se conserva el ímpetu y (suponemos) la energía cinética. Debido a que el tiempo de choque es despreciable comparado con el tiempo que transcurre entre los choque de moléculas, la energía cinética que se convierte en energía potencial durante el choque, queda disponible de nuevo como energía cinética, después de un tiempo tan corto, que podemos ignorar este cambio por completo.

Leyes de los gases

Todas las masas gaseosas experimentan variaciones de presión, volumen y temperatura que se rigen por las siguientes leyes:

Primera ley (Boyle-Mariotte)

Los volúmenes ocupados por una misma masa gaseosa conservándose su temperatura constante, son inversamente proporcionales a la presión que soporta.

Segunda ley (Gay-Lussac).

Cuando se calienta un gas, el volumen aumenta 1/273 parte de su valor primitivo, siempre que la presión no varíe. Temperatura y volumen son directamente proporcionales.

Tercera ley (Charles)

La presión ejercida por una masa gaseosa es directamente proporcional a su temperatura absoluta, siempre que el volumen sea constante.

Ecuación general del estado gaseoso

En una masa gaseosa los volúmenes y las presiones son directamente proporcionales a sus temperaturas absolutas e inversamente proporcionales entre sí.

La presión

El control de la presión en los procesos industriales da condiciones de operación seguras. Cualquier recipiente o tubería posee cierta presión máxima de operación y de seguridad variando este, de acuerdo con el material y la construcción. Las presiones excesivas no solo pueden provocar la destrucción del equipo, si no también puede provocar la destrucción del equipo adyacente y ponen al personal en situaciones peligrosas, particularmente cuando están implícitas, fluidos inflamables o corrosivos. Para tales aplicaciones, las lecturas absolutas de gran precisión con frecuencia son tan importantes como lo es la seguridad extrema. Por otro lado, la presión puede llegar a tener efectos directos o indirectos en el valor de las variables del proceso (como la composición de una mezcla en el proceso de destilación). En tales casos, su valor absoluto medio o controlado con precisión de gran importancia ya que afectaría la pureza de los productos poniéndolos fuera de especificación. La presión puede definirse como una fuerza por unidad de área o superficie, en donde para la mayoría de los casos se mide directamente por su equilibrio directamente con otra fuerza, conocidas que puede ser la de una columna liquida un resorte, un embolo cargado con un peso o un diafragma cargado con un resorte o cualquier otro elemento que puede sufrir una deformación cualitativa cuando se le aplica la presión.

Presión Absoluta

Es la presión de un fluido medido con referencia al vacío perfecto o cero absoluto. La presión absoluta es cero únicamente cuando no existe choque entre las moléculas lo que indica que la proporción de moléculas en estado gaseoso o la velocidad molecular es muy pequeña. Ester termino se creó debido a que la presión atmosférica varia con la altitud y muchas veces los diseños se hacen en otros países a diferentes altitudes sobre el nivel del mar por lo que un término absoluto unifica criterios.

Presión Atmosférica

El hecho de estar rodeados por una masa gaseosa (aire), y al tener este aire un peso actuando sobre la tierra, quiere decir que estamos sometidos a una presión (atmosférica), la presión ejercida por la atmósfera de la tierra, tal como se mide normalmente por medio del barómetro (presión barométrica). Al nivel del mar o a las alturas próximas a este, el valor de la presión es cercano a 14.7 lb/plg^2 (101,35Kpa), disminuyendo estos valores con la altitud.

Presión Manométrica

Son normalmente las presiones superiores a la atmosférica, que se mide por medio de un elemento que se define la diferencia entre la presión que es desconocida y la presión atmosférica que existe, si el valor absoluto de la presión es constante y la presión atmosférica aumenta, la presión manométrica disminuye; esta diferencia generalmente es pequeña mientras que en las mediciones de presiones superiores, dicha diferencia es insignificante, es evidente que el valor absoluto de la presión puede abstenerse adicionando el valor real de la presión atmosférica a la lectura del manómetro.

La presión puede obtenerse adicionando el valor real de la presión atmosférica a la lectura del manómetro.

Presión Absoluta = Presión Manométrica + Presión Atmosférica.

Vacío

Se refiere a presiones manométricas menores que la atmosférica, que normalmente se miden, mediante los mismos tipos de elementos con que se miden las presiones superiores a la atmosférica, es decir, por diferencia entre el valor desconocido y la presión atmosférica existente. Los valores que corresponden al vacío aumentan al acercarse al cero absoluto y por lo general se expresa a modo de centímetros de mercurio (cmHg), metros de agua, etc. De la misma manera que para las presiones manométricas, las variaciones de la presión atmosférica tienen solo un efecto pequeño en las lecturas del indicador de vacío.

Sin embargo, las variaciones pueden llegar a ser de importancia, que todo el intervalo hasta llegar al cero absoluto solo comprende 760 mmHg.

Medida de la presión. Manómetro

Para medir la presión empleamos un dispositivo denominado manómetro.

Unidades y clases de presión

La presión es una fuerza por unidad de superficie y puede expresarse en unidades tales como pascal, bar, atmósferas, kilogramos por centímetro cuadrado y psi (libras por pulgada cuadrada). En él Sistema Internacional (S.I.) está normalizada en pascal de acuerdo con las Conferencias Generales de Pesas y Medidas que tuvieron lugar en Paris en octubre de 1967 y 1971, y según la Recomendación Internacional número 17, ratificada en la III Conferencia General de la Organización

Internacional de Metrología Legal. El pascal es 1 newton por metro cuadrado (1 N/m²), siendo el newton la fuerza que aplicada a un cuerpo. de masa 1 kg, le comunica una aceleración de 1 m/s² . Como el pascal es una unidad muy pequeña, se emplean también el kilopascal (1 kPa = 10 ² bar), el megapascal (1 MPa = 10 bar) y el gigapascal (1 GPa = 10 000 bar). En la industria se utiliza también el bar (1 bar = 10^ 5 Pa = 1,02 kg/cm. cuadrado) y el kg/CM2, Si bien esta última unidad, a pesar de su uso todavía muy extendido, se emplea cada vez con menos frecuencia.

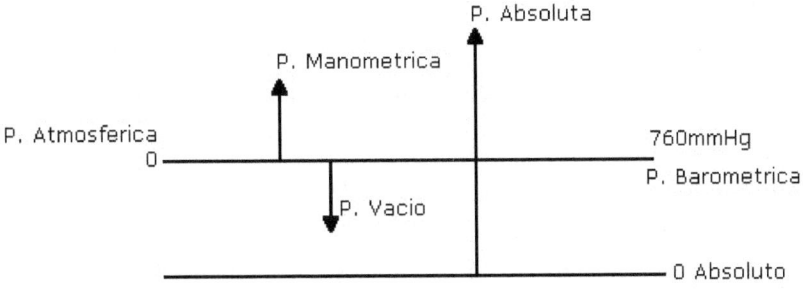

Tipos de presión

Manómetro

CICLOS TERMODINÁMICOS

Se denomina **ciclo termodinámico** al proceso que tiene lugar en dispositivos destinados a la obtención de trabajo a partir de dos fuentes de calor a distinta temperatura o, de manera inversa, a producir el paso de calor de la fuente de menor temperatura a la fuente de mayor temperatura mediante la aportación de trabajo.

Todas las relaciones termodinámicas importantes empleadas en ingeniería se derivan del primer y segundo principios de la termodinámica. Resulta útil tratar los procesos termodinámicos basándose en ciclos: procesos que devuelven un sistema a su estado original después de una serie de fases, de manera que todas las variables termodinámicas relevantes vuelven a tomar sus valores originales. En un ciclo completo, la energía interna de un sistema no puede cambiar, puesto que sólo depende de dichas variables. Por tanto, el calor total neto transferido al sistema debe ser igual al trabajo total neto realizado por el sistema. Un motor térmico de eficiencia perfecta realizaría un ciclo ideal en el que todo el calor se convertiría en trabajo mecánico. El científico francés del siglo XIX Sadi Carnot, que concibió un ciclo termodinámico que constituye el ciclo básico de todos los motores térmicos, demostró que no puede existir ese motor perfecto. Cualquier motor térmico pierde parte del calor suministrado. El segundo principio de la termodinámica impone un límite superior a la eficiencia de un motor, límite que siempre es menor del 100%. La eficiencia límite se alcanza en lo que se conoce como ciclo de Carnot.

Obtención de trabajo

Artículo principal: Motor térmico

La obtención de trabajo a partir de dos fuentes térmicas a distinta temperatura se emplea para producir movimiento, por ejemplo en los motores o en los alternadores empleados en la generación de energía eléctrica. El rendimiento es el principal parámetro que caracteriza a un ciclo termodinámico, y se define como el trabajo obtenido dividido por el calor gastado en el proceso, en un mismo tiempo de ciclo completo si el proceso es continuo. Este parámetro es diferente según los múltiples tipos de ciclos termodinámicos que existen, pero está limitado por el factor o rendimiento del Ciclo de Carnot.

Aporte de trabajo

Artículo principal: Bomba térmica

Un ciclo termodinámico inverso busca lo contrario al ciclo termodinámico de obtención de trabajo. Se aporta trabajo externo al ciclo para conseguir que la trasferencia de calor se produzca de la fuente más fría a la más caliente, al revés de como tendería a suceder naturalmente. Esta disposición se emplea en las máquinas de aire acondicionado y en refrigeración.

Tipos de Ciclos termodinámicos

Ciclo Brayton

Se denomina **ciclo Brayton** a un ciclo termodinámico de compresión, calentamiento y expansión de un fluido compresible, generalmente aire, que se emplea para producir trabajo neto y su posterior aprovechamiento como energía mecánica o eléctrica. En la mayoría de los casos el ciclo Brayton opera con fluido atmosférico o aire, en ciclo abierto, lo que significa que toma el fluido directamente de la atmósfera para someterlo primero a un ciclo de compresión, después a un ciclo de calentamiento y, por último, a una expansión. Este ciclo produce en la turbina de expansión más trabajo del que consume en el compresor y se encuentra presente en las turbinas de gas utilizadas en la mayor parte de los aviones comerciales y en las centrales termoeléctricas, entre otras aplicaciones. Al emplear como fluido termodinámico el aire, el ciclo Brayton puede operar a temperaturas elevadas, por lo que es idóneo para aprovechar fuentes térmicas de alta temperatura y obtener un alto rendimiento termodinámico.

Ciclo de Carnot

El ciclo de Carnot es un ciclo termodinámico ideal reversible entre dos fuentes de temperatura, en el cual el rendimiento es máximo.

Este ciclo fue estudiado por Sadi Carnot en su trabajo Reflections sur la puissance motrice de feu et sur les machines propres à developper cette puissance, de 1824. Una máquina térmica que realiza este ciclo se denomina máquina de Carnot. Trabaja absorbiendo una cantidad de calor Q_1 de la fuente de alta temperatura y cede un calor Q_2 a la de baja temperatura produciendo un trabajo sobre el exterior. El rendimiento viene definido, como en todo ciclo, por:

$$\eta = \frac{W}{Q_1} = \frac{Q_1 - Q_2}{Q_1} = 1 - \frac{Q_2}{Q_1}$$

y, como se verá adelante, es mayor que cualquier máquina que funcione cíclicamente entre las mismas fuentes de temperatura.

Como todos los procesos que tienen lugar en el ciclo ideal son reversibles, el ciclo puede invertirse. Entonces la máquina absorbe calor de la fuente fría y cede calor a la fuente caliente, teniendo que suministrar trabajo a la máquina. Si el objetivo de esta máquina es extraer calor de la fuente fría se denomina máquina frigorífica, y si es aportar calor a la fuente caliente bomba de calor.

Ciclo Miller

El **ciclo Miller** es una variación del ciclo de Otto en la que se utiliza un cilindro más grande de lo habitual, se aumenta la relación de compresión mediante un compresor mecánico y se cambian los momentos de apertura y cierre de las válvulas de escape. Otra modificación es la utilización de un intercooler en la admisión. En ingeniería, el ciclo Miller es un proceso de combustión usado en un motor de cuatro tiempos de combustión interna. El ciclo Miller fue patentado por el ingeniero norteamericano Ralph Miller, en la década de los 40's. Éste tipo de motor fue usado por primera vez en embarcaciones y en plantas de energía, pero fue adaptado por Mazda para su motor KJ-ZEM V6, usado en el sedán Millenia. Recientemente, Subaru combinó el ciclo Miller en una disposición horizontal de 4 cilindros para un motor híbrido "Turbo Parallel Hybrid", para su automóvil B5-TPH. Tradicionalmente el motor de ciclo Otto usa cuatro tiempos (admisión, compresión, explosión y escape), de los cuales se puede decir que existen dos en los que hay alta potencia: alto consumo de potencia en la compresión, y alta producción de potencia en la explosión. Gran parte de la pérdida interna de potencia en un motor se debe a la energía requerida para efectuar la compresión de la mezcla de combustible en el tiempo de compresión, por lo que sistemas que puedan reducir este consumo de energía pueden otorgar una mayor eficiencia. En el ciclo Miller, la válvula de admisión tiene una apertura más larga que en un motor de ciclo Otto. En efecto, el tiempo de compresión ocurre en dos ciclos: la primera parte cuando la válvula de admisión se abre (o continúa abierta) y la parte final cuando la válvula de admisión se cierra. Esta admisión doble crea un llamado quinto tiempo. Como el pistón sube inicialmente en lo que normalmente sería el tiempo de compresión, la carga es aliviada por la apertura de la válvula de admisión que aún se encuentra abierta. Ésta pérdida de carga de aire podría resultar en una pérdida de potencia, sin embargo, en el ciclo Miller, el pistón es sobrealimentado por una carga de aire proveniente de un supercargador, por lo que devolver aire al múltiple de admisión está contemplado. El supercargador tradicionalmente necesitaría ser de desplazamiento positivo gracias a su capacidad para producir empuje a velocidades del motor relativamente bajas, sin embargo el torque disponible a bajas revoluciones disminuye. Un aspecto clave del ciclo Miller es que el tiempo de compresión comienza sólo después de que el pistón ha eliminado su carga "extra" y la válvula de admisión se cierra. La apertura dura aproximadamente el 20% o 30% del transcurso inicial del tiempo de compresión. En otras palabras, la compresión real sucede aproximadamente en un 70% a 80% del tiempo total de compresión, después de la apertura. El pistón consigue los mismos niveles de compresión de un motor de ciclo Otto con menos trabajo ya que una parte de la compresión total se ha logrado mediante el supercargador.

El ciclo Miller es más efectivo en la medida en que el supercargador pueda comprimir la carga de aire usando menos energía que la empleada por el pistón para hacer éste mismo trabajo. De la compresión total que es requerido por el motor, el supercargador es usado para generar baja compresión de la mezcla, donde es más efectivo que el pistón. Entonces, el pistón es usado para generar los niveles más altos de compresión, donde el pistón resulta más efectivo que el supercargador. De esta manera en el ciclo Miller la compresión resulta de la primera compresión efectuada por el supercargador para la carga de aire que entra al cilindro, sumada a la segunda compresión que efectúa el pistón, logrando así que la fuerza que el pistón debe ejercer para lograr la compresión sea menor que en un motor de ciclo Otto. El supercargador es más eficiente para producir bajas compresiones, y el pistón para altas compresiones, logrando así un equilibrio en la eficiencia. En total esto reduce la potencia requerida para andar el motor entre un 10% y un 15%. Para este fin, la producción exitosa de motores que usan este ciclo ha requerido del uso de válvulas de tiempo variable (variable valve timing) para disminuir los puntos muertos de operación en los que el motor de Ciclo Miller no puede ofrecer claras ventajas.

En un motor típico de ignición por bujías, el ciclo Miller proporciona un beneficio adicional. El aire de admisión primero es comprimido por el supercargador, y luego enfriado por un intercooler. Esta temperatura de carga de aire más baja, combinada con la baja compresión del tiempo de admisión, cede una carga final de más baja temperatura que la obtenida en una compresión solamente dada por el pistón. Esto permite que el tiempo que dura la ignición sea alterado un poco más de lo que normalmente se permite antes de la detonación, incrementando la eficiencia total del ciclo de encendido. La eficiencia es incrementada al elevar la compresión del motor. En un motor de gasolina común, la relación de compresión varía entre 6.5:1 a 10:1 en automóviles, y se limita a estas cifras ya que altos niveles producirían autoencendido de la mezcla que se comprime por efecto del incremento de la temperatura del gas cuando es comprimido, lo cual en motores de alta compresión se evita usando gasolina de alto octanaje. El tiempo de compresión reducido del ciclo Miller permite que sea posible una compresión total más elevada, obteniendo más eficiencia. Cabe aclarar que los beneficios de la utilización de supercargadores de desplazamiento positivo tiene su costo. 15% o 20% de la energía generada por un motor supercargado es usualmente requerida para hacer trabajar el supercargador, que comprime la carga de aire de admisión. Lo cual quiere decir que la eficiencia total del motor resulta de un delicado equilibrio, en el que la energía del motor que usa el supercargador para funcionar no sea mayor que la energía que el supercargador pueda proveer -mediante la compresión- al funcionamiento del sistema. Un método similar de cierre de válvula atrasado es usado en muchas versiones modernas del motor de ciclo Atkinson, pero sin supercargador. Éste tipo de motores es usualmente encontrado en los vehículos híbrido eléctricos, donde la eficiencia es la meta, y la pérdida de potencia resultante en el ciclo Miller es compensada por el uso de motores eléctricos.

Ciclo Stirling

El ciclo Stirling es un ciclo termodinámico del motor Stirling que busca obtener el máximo rendimiento. Por ello, es semejante al ciclo de Sadi Carnot. A diferencia de la máquina de Carnot, (la cual logra la mayor eficiencia) esta máquina está constituida por dos adiabáticas reversibles y dos isocoras. Existe también una máquina similar según el ciclo Ericsson, la cual consta de dos adiabáticas reversibles y dos isobaras.

Ciclo combinado

En la generación de energía se denomina **ciclo combinado** a la co-existencia de dos ciclos termodinámicos en un mismo sistema, uno cuyo fluido de trabajo es el vapor de agua y otro cuyo fluido de trabajo es un gas producto de una combustión. En la propulsión de buques se denomina **ciclo combinado** al sistema de propulsión COGAG.

En una central eléctrica el ciclo de gas genera energía eléctrica mediante una turbina de gas y el ciclo de vapor de agua lo hace mediante una o varias turbinas de vapor. El principio sobre el cual se basa es utilizar los gases de escape a alta temperatura de la turbina de gas para aportar calor a la caldera o generador de vapor de recuperación, la que alimenta a su vez de vapor a la turbina de vapor. La principal ventaja de utilizar el ciclo combinado es su alta eficiencia, ya que se obtienen rendimientos superiores al rendimiento de una central de ciclo único y mucho mayores que los de una de turbina de gas. Consiguiendo aumentar la temperatura de entrada de los gases en la turbina de gas, se obtienen rendimientos de la turbina de gas cercanos al 60%, exactamente 57.3% en las más modernas turbinas Siemens. Este rendimiento implica una temperatura de unos 1350ºC a la salida de los gases de la cámara de combustión. El límite actualmente es la resistencia a soportar esas temperaturas por parte de los materiales cerámicos empleados en el recubrimiento interno de las cámaras de combustión de esas turbinas. Las centrales de ciclo combinado son, como todas ellas, contaminantes para el medio ambiente y para los seres vivos, incluidas las personas, por los gases tóxicos que expulsan al ambiente. No obstante es la que menos contamina de todas las industrias de producción de electricidad por quema de combustible fósil. Básicamente las emisiones son de CO_2. Las emisiones de NOX y SO_2 son insignificantes, no contribuyendo por tanto a la formación de lluvia ácida. Dependiendo estos efluentes gaseosos del tipo de combustible que se queme en la turbina de gas.

Ciclo de Rankine

El Ciclo de Rankine es un ciclo termodinámico. Como otros ciclos termodinámicos, la máxima eficiencia termodinámica es dada por el cálculo de máxima eficiencia del Ciclo de Carnot. Debe su nombre a su desarrollador, el físico y filósofo escocés William John Macquorn Rankine.

Ciclo Otto

El **ciclo Otto** es el ciclo termodinámico ideal que se aplica en los motores de combustión interna. Se caracteriza porque todo el calor se aporta a volumen constante. El ciclo consta de cuatro procesos:

- 1-2: Compresión adiabática.
- 2-3: Ignición, aporte de calor a volumen constante. La presión se eleva rápidamente antes de comenzar el tiempo útil.
- 3-4: Expansión adiabática o parte del ciclo que entrega trabajo.
- 4-1: Escape, cesión del calor residual al medio ambiente a volumen constante.

Hay dos tipos de motores que se rigen por el ciclo de Otto, los motores de dos tiempos y los motores de cuatro tiempos. Este, junto con el motor diésel, es el más utilizado en los automóviles ya que tiene un buen rendimiento y contamina mucho menos que el motor de dos tiempos.

INSTRUMENTOS DE MEDIDAS DE VARIABLES TERMODINÁMICAS

Sistemas y variables termodinámicas

Un sistema es una parte del universo que se aísla (real o supuestamente) para su mejor estudio. Todo lo que queda fuera de él se denomina entorno, y ambos están separados por medio de paredes (reales o imaginarias).

La relación de un sistema termodinámico con su entorno se concreta a través de intercambios de materia y/o energía a través de dichas paredes. Éstas pueden ser impermeables, o permeables a ciertos tipos de energía o materia, lo que determina los siguientes tipos de sistemas:

- **Abiertos**, cuando intercambian tanto materia como energía con el exterior.
- **Cerrados**, cuando no intercambian materia con el exterior, pero sí energía. En ellos las paredes de denominan diatérmicas.
- **Adiabáticos**, si no pueden intercambiar ni materia ni energía en forma de calor con el exterior, pero sí son capaces de cambiar energía en forma de trabajo.
- **Aislados**, cuando no pueden intercambiar ni materia ni energía con el exterior.

Si las paredes son móviles permiten cambios de volumen en el sistema, en caso contrario (paredes rígidas), el volumen permanecerá constante. Todo el sistema puede describirse macroscópicamente a partir de las denominadas variables o parámetros termodinámicos. Algunas de estas variables no dependen de los pasos intermedios por los que va evolucionando el sistema, sino de su estado inicial y final; se denominan variables de estado, y son:

- **Volumen**

- **Densidad**
- **Presión**
- **Temperatura**

Las **variables termodinámicas** pueden clasificarse en:

- **Extensivas**: que dependen de la cantidad de materia, ej. el volumen.
- **Intensivas**: que son independientes de la cantidad de materia, ej. P, T, densidad.

Así surge otra clasificación para un sistema termodinámico, los sistemas pueden ser a su vez:

- **Homogéneos**: las propiedades termodinámicas tiene los mismos valores en todos los puntos del sistema. El sistema está constituido por **una sola fase**.
- **Heterogéneos**: las propiedades termodinámicas no son las mismas en todos los puntos del sistema. El sistema está constituidos por **varias fases**, separadas entre sí por una "frontera" llamada **interfase**.

Cuando el sistema se presenta en fase gaseosa, el sistema es homogéneo, con independencia del número de compuestos químicos que lo constituyan (ej. el aire). Una sustancia pura, sólo puede presentar una fase líquida, sin embargo pude exhibir varias fases sólidas (ej. carbono como diamante, grafito o fureleno). En el caso sistemas compuestos por más de una sustancia química, la situación es más compleja, ya que los líquidos podrán ser o no miscibles totalmente en determinadas circunstancias de presión y temperatura, dando por tanto lugar a la distinción de una o de varias fases. Y lo mismo se puede decir de los sólidos, en general una aleación constituirá una fase, pero la mezcla de sólidos estará formada por tantas fases como sólidos estén presentes.

Medidores de variables termodinámicas

Medidores de Volumen
Para gas: Mide el volumen de los gases.
Para líquidos: Mide el volumen de los líquidos (En la fig. de tipo digital)

Densímetros
Para gases: Mide la densidad de los gases
Para Líquidos: Mide las densidad de los líquidos

Manómetros
Para medir la presión Gases y líquidos

Termómetros
Para medir la temperatura de gases y líquidos

AUTOEVALUACIÓN

Termodinámica. Calor, temperatura y frío. Conceptos. Unidades. Formas de transmisión del calor. Termometría. Dilatación. Cambios de estado. Comportamiento de los gases. La presión. Ciclos termodinámicos. Instrumentos de medidas de variables termodinámicas.

---

1. El calor es:
   a) Radiación estática
   b) Rayos difuminados
   c) Energía en tránsito
   d) Ninguna es correcta
   e) Todas son correctas

2. Es una antigua unidad que sirve para medir las cantidades de calor. Qué define el enunciado anterior:
   a) Minoría
   b) Frigoría
   c) Factoría
   d) Mayoría
   e) Caloría

3. A qué es igual 4,1840 Joules?
   a) 1 Factoría
   b) 1 Frigoría
   c) 1 Caloría
   d) 1 Minoría
   e) Ninguna es correcta

4. Qué define el siguiente enunciado: Es la cantidad de calor necesaria para elevar la temperatura de una unidad de masa de una sustancia en un grado:
   a) Frío específico
   b) Peso específico
   c) Volumen específico
   d) Presión específica
   e) Calor específico

5. La dilatación térmica es el aumento del volumen de los cuerpos al:
   a) Presionase
   b) Enfriarse
   c) Calentarse

d) Oxidarse
e) Corroerse

6. La definición de frío, en términos termodinámicos es:
   a) La pérdida de volumen
   b) La pérdida de densidad
   c) La pérdida de frío
   d) La pérdida de calor
   e) La pérdida de presión

7. En la tecnología frigorífica, se utiliza un fluido que se vaporiza tomando el calor de un ambiente a enfriar. ¿Cómo se denomina ese fluido?
   a) Fluido Iceberg
   b) Fluido de nevera
   c) Fluido frigorífico
   d) Fluido Helado
   e) Fluido Congelado

8. ¿Cuántas escalas de medición de la temperatura se conocen actualmente?
   a) Una
   b) Dos
   c) Tres
   d) Cuatro
   e) Cinco

9. ¿Cuál de las siguientes es una escala de medición térmica?
   a) Newton
   b) Fahrenheit
   c) Pascal
   d) Kirchhoff
   e) Arquímedes

10. Cómo se conoce, habitualmente, la escala Celsius:
    a) Plantígrada
    b) Centígrada
    c) Kelvin
    d) Pulgada
    e) Micrométrica

11. Señalar el punto de congelación y de ebullición, respectivamente, de la escala Celsius
    a) 50° a 150°
    b) 70° a 120°

c)   0° a 100°
d) -10° a 110°
e)   0° a 90°

12. La unidad de la escala Kelvin se define con la letra:
a) °C
b) °Q
c) °K
d) Ninguna es correcta
e) Todas son correctas

13. Señalar la respuesta incorrecta. La transmisión de calor puede ser por:
a) Convección
b) Radiación
c) Radiactividad
d) Conducción
e) a, c y d son correctas

14. Para medir temperaturas muy elevadas se debe realizar con:
a) Termómetros comunes
b) Calorímetros
c) Pirómetros
d) Frigómetro
e) Fuegómetro

15. Señalar la respuesta incorrecta. Un termómetro debe reunir ciertos requisitos ineludibles:
a) No debe perturbar apreciablemente la temperatura que se pretende determinar.
b) No debe reaccionar químicamente con el medio cuya temperatura se pretende medir.
c) Debe presentar efectos residuales dependientes de su historia previa en margen no mensurable.
d) Debe alcanzar el desequilibrio térmico con el medio ambiente en lapsos razonables.
e) No debe perturbar la dinámica del fenómeno que origina el cambio de temperatura.

16. Señalar la respuesta correcta. En los tipos de termómetros, que elemento los diferencia:
a) El material con que están construidos
b) La forma de los mismos
c) Las variables termodinámicas
d) Ninguna es correcta

e) Todas son correctas

17. **Qué utilizan para medir los termómetros digitales termoláser:**
    a) Mercurio
    b) Alcohol
    c) Resistencia eléctrica
    d) Metales dilatados
    e) Infrarrojos

18. **En termodinámica, la dilatación de los cuerpos (sólidos) puede producirse por efecto del aumento de:**
    a) La humedad
    b) La altura
    c) La temperatura
    d) Ninguna es correcta
    e) Todas son correctas

19. **Cuántos estados de la materia se conoce en la actualidad:**
    a) Uno
    b) Dos
    c) Tres
    d) Cuatro
    e) Cinco

20. **Si un sólido cambia de estado y pasa a líquido se denomina:**
    a) Confusión
    b) Difusión
    c) Fusión
    d) Fricción
    e) Fracción

21. **Si un gas cambia de estado y se convierte en sólido se denomina:**
    a) Sumisión
    b) Saturación
    c) Sulfuración
    d) Sublimación
    e) Sofocación

22. **.En los gases, las moléculas se encuentran animadas de movimiento aleatorio y obedecen las leyes de Newton del:**
    a) Estatismo
    b) Calor
    c) Cosmos
    d) Movimiento

e) Ninguna es correcta

23. Cuántas son las leyes de los gases:
   a) Una
   b) Dos
   c) Tres
   d) Cuatro
   e) Cinco

24. Qué define el siguiente enunciado: Puede definirse como una fuerza por unidad de área o superficie, en donde para la mayoría de los casos se mide directamente por su equilibrio directamente con otra fuerza:
   a) Volumen
   b) Densidad
   c) Peso específico
   d) Gravedad
   e) Presión

25. ¿Qué se puede medir con un densímetro?
   a) El volumen
   b) La presión
   c) La temperatura
   d) La densidad
   e) El calor

SOLUCIONARIO

1. c)
2. e)
3. c)
4. e)
5. c)
6. d)
7. c)
8. e)
9. b)
10. b)
11. c)
12. c)
13. c)
14. c)
15. d)
16. c)
17. e)
18. c)
19. e)
20. c)
21. d)
22. d)
23. c)
24. e)
25. d)

Instalación de vapor: Salas de máquinas. Producción. Conducción. Válvulas. Instalaciones de vapor en: calandras, secadoras-planchadoras, lavadoras-centrifugadoras, túneles de lavado, secadoras, maniquíes, prensa giratoria.

INSTALACIÓN DE VAPOR: SALAS DE MÁQUINAS

Instalación y Uso

En una instalación de vapor, el sistema básico es convertir agua en vapor, mediante calor.

En su forma más simple (convencionales), un sistema de generación de vapor consiste de dos partes esenciales:

1. La cámara de destilación o evaporador, donde el agua es calentada y convertida en vapor.

2. El condensador, en el cual el vapor es convertido en líquido.

La fuente de calor empleada para vaporizar el agua en las plantas generadora de vapor es vapor de alta o baja presión, el que a su paso por lo serpentines de calentamiento, se condensa, cediendo su calor latente al agua cruda q va ser evaporada. Así, en un evaporador existen dos fuentes de agua destilada. Una, es el condensado de vapor que se ha empleado en calentar el agua, la cual reemplaza al vapor usado por el evaporador u no puede , por lo tanto, ser considerada como ``repuesto``. La otra, es el vapor condensado que se convierte en vapor y posteriormente se condensa, los sólidos en suspensión o disuelto en el agua permanecen en la cámara de destilación, a menos q sean arrastrado mecánicamente por el vapor o que pasen en forma de gases. Los generadores de vapor utilizados en los campos petrolíferos difieren significativamente de las calderas convencionales. Estas, por lo general, se utilizan para generar vapor saturado o quizás vapor sobrecalentado para mover turbinas de vapor. Debido a las altas velocidades del fluido es necesario separar el vapor del líquido antes de que el vapor sea dirigido a las turbinas, pues de lo contrario las gotas de líquido las dañaría. Como alternativa se puede utilizar el vapor sobrecalentado para evitar la separación liquido vapor. La separación se puede lograr mediante tambores giratorios, haciendo uso de las fuerzas centrifugas y de inercia, resultante de su rotación. El agua condensada es recogida corriente debajo de las turbinas para reutilizarla, por lo cual requiere muy poca agua de reemplazo. Una vez que se trata el volumen inicial de agua, los costos adicionales de tratamiento esta limitados por aquellos asociados con el agua de reemplazo, es decir, las operaciones petroleras de campo requieren grandes cantidades de vapor para la inyección continua y por largo tiempo en los yacimientos. Como esencialmente en estos casos no hay agua condensada limpia para ser reutilizada se requiere que el costo de tratamiento del agua sea relativamente bajo. Los generadores de vapor del tipo de una sola bombeada o de un solo paso se conocen también como generadores de vapor húmedo y se utilizan exclusivamente en los campos petroleros. Específicamente fueron desarrolladas para aplicaciones en los campos petroleros en los inicio de los años 60 y difieren de una caldera autentica en que no tienen un tambor de separación, no requieren recirculación ni purga. Debido a que los generadores carecen de un tambor de separación la calidad máxima del vapor debe ser limitada alrededor de un 80% para evitar la precipitación y deposición de sólidos disuelto sobre los tubos, y por lo tanto reducir la posibilidad de vaporización localizada de la película de agua y la subsecuente falla de los tubos. Existen generadores que son calentados indirectamente, sin embargo, utilizan como alimento agua que no han sido ablandadas o agua extraída del subsuelo. Estos tipos de generadores de vapor no han tenido amplia aceptación. El sistema de vapor está formado principalmente por calentadores y calderas.

- *Calentadores*: Con sus quemadores y un sistema de aire de combustión, sistema de tiro o de presión para extraer del horno el gas de chimenea, sopladores de hollín, y sistemas de aire comprimido que sellan las aberturas para impedir que escape el gas de la chimenea.

Los calentadores utilizan cualquier combustible o combinación de combustible, como gas de refinería, gas natural, fuel y carbón en polvo.

- *Calderas*: Las calderas son dispositivos utilizados para calentar el agua o generar vapor a una presión superior a la atmosférica. Las calderas se componen de un comportamiento donde se consume el combustible y otro donde el agua se convierte en vapor.

Son instalaciones industriales que aplicando el calor de un combustible sólido, liquido o gaseoso, vaporizan el agua para aplicaciones en la industria. La Mayoría de las Calderas o Generadores de Vapor tienen muchas cosas en común. Normalmente en el fondo está la cámara de combustión o el horno en donde es más económico introducir el combustible a través del quemador en forma de flama. El quemador es controlado automáticamente para pasar solamente el combustible necesario para mantener la presión en el vapor deseada. La flama o el calor es dirigido o distribuido a las superficies de calentamiento, que normalmente son tubos, fluxes o serpentines. En algunos diseños el agua fluye a través de los tubos o serpentines y el calor es aplicado por fuera, este diseño es llamado "Calderas de Tubo de Agua". En otros diseños de calderas, los tubos o fluxes están sumergidos en el agua y el calor pasa en el interior de los tubos, estas son llamadas "Calderas de Tubos de Humo". Si el agua es sujeta también a contacto con el humo o gases calientes más de una vez, la caldera es de doble, triple o múltiples pasos.

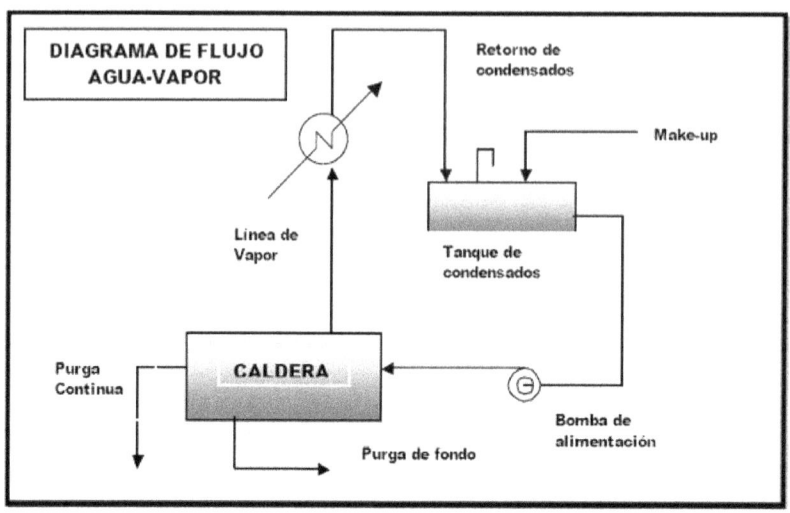

Planta Simple de Vapor

La figura siguiente muestra un diagrama esquemático de una planta simple de vapor. El vapor sobrecalentado a alta presión sale de la caldera, que es un elemento del generador de vapor y entra a la turbina. El vapor se expande en la turbina y mediante esto efectúa un trabajo, lo cual hace que la turbina mueva un generador eléctrico.

El vapor a baja presión sale de la turbina y entra al condensador, en donde el calor es transmitido del vapor (haciendo que se condense) al agua de enfriamiento. Debido a que se requieren cantidades muy grandes de agua, las plantas de fuerza están situadas cerca de los ríos o los lagos. Cuando el agua disponible es limitada, podrá utilizarse una torre de enfriamiento. En la torres de enfriamiento, parte del agua se evapora, de tal modo que baja la temperatura del agua remanente.

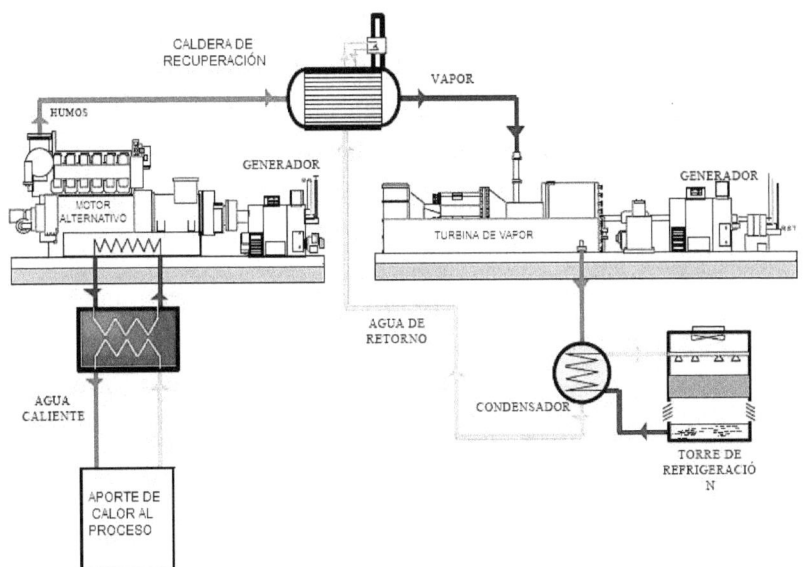

La presión del condensado, al salir del condensador, se aumenta por medio de una bomba que lo hace fluir dentro del generador de vapor.

En muchos generadores de vapor se utiliza un economizador. El economizador es simplemente un cambiador de calor en el cual el calor es transmitido de los productos de combustión al condensado, aumentando la temperatura de éste, pero sin que se efectúa ninguna evaporación. En otras secciones del generador de vapor se transmite el calor de los productos de combustión al agua, causando su evaporación. La temperatura a la cual ocurre la evaporación se llama temperatura de saturación. Entonces el vapor fluye a través de otro cambiador de calor llamado sobrecalentador, donde la temperatura del vapor sube muy arriba de la temperatura de saturación. Los generadores de vapor se instalan en salas especialmente construidas para ello. Habitualmente denominadas salas de máquinas.

El reglamento también define las características mínimas que debe poseer el lugar donde se instala el generador de vapor o caldera:

- Si el generador de vapor tiene una superficie de calefacción igual o superior a 5 m2 y cuya presión de trabajo exceda a 2.5 Kg. /cm2, se instalará en un recinto específico para su utilización.

- Esta sala será de material incombustible y estará cubierta de techo liviano.

- No podrá ubicarse la caldera sobre construcción destinada a habitación o lugar de trabajo.

- La distancia mínima entre la caldera y las paredes del recinto será de un metro, esta misma distancia debe respetarse entre la caldera y cualquier otro equipo o instalación.

Esta sala deberá tener dos puertas o más, en direcciones diferentes, éstas se deben mantener en todo momento despejadas y deberán permanecer sin llave mientras las calderas están funcionando.

PRODUCCIÓN. CONDUCCIÓN. VÁLVULAS

Producción de vapor

La mayoría de las calderas tienen varias cosas en común. Usualmente, en la parte inferior está un fogón o cámara de combustión (horno) a donde se alimenta el combustible más barato o más disponible a través de un quemador para formar una flama. El quemador está controlado automáticamente para pasar sólo el combustible suficiente para mantener una presión de vapor deseada. La flama o calor es dirigida y distribuida a las superficies de calentamiento, las cuales usualmente son tubos, tiros de chimenea o serpentines de diámetro bastante pequeño.

En algunos diseños el agua fluye a través de los tubos o serpentines y el calor es aplicado al exterior. A éstas se les denominan calderas acuotubulares. En otras calderas los tubos o tiros de chimenea están inmersos en el agua y el calor pasa a través del interior de los tubos. Estas son calderas humotubulares. Si el agua es sometida a los gases calentados más de una vez, la caldera es de "dos-pasos", de "tres-pasos", o de "pasos múltiples".

El agua calentada o vapor se eleva hasta la superficie del agua, vaporiza y es recolectada en una o más cámaras o "tambores". Mientras más grande la capacidad del tambor, mayor es la capacidad de la caldera para producir grandes y repentinas demandas de vapor. En la parte superior del tambor de vapor está una salida o "cabezal de vapor" desde la cual el vapor es entubado hasta los puntos de uso. En la parte superior del fogón está una chimenea de metal o de ladrillo o "inductor de tiro", el cual se lleva los subproductos de la combustión y las variables cantidades de combustible no utilizado. En la parte inferior de la caldera, y usualmente al lado opuesto del fogón, está una válvula de salida denominada como "purga". Es a través de esta válvula que la mayor parte del polvo, lodo, cieno y otros materiales indeseables son purgados de la caldera. Adheridos a la caldera hay múltiples controles de seguridad para liberar la presión si ésta se eleva demasiado, para apagar el quemador si el agua baja demasiado o para controlar automáticamente el nivel del agua. Se incluye una columna de agua (vidrio de nivel) para que el nivel interior del agua quede visible para el operador.

Agua de alimentación a la caldera

El agua para la caldera se almacena usualmente en un tanque "de relleno o reposición" de manera que se tenga disponible un volumen de agua suficiente para demandas mayores a las acostumbradas. Se mantiene un nivel constante por medio de una válvula flotadora similar en principio al flotador en el tanque de un sanitario. Una bomba de alta presión saca el agua del tanque de relleno y la vacía en la caldera. Debido a que la mayoría de las calderas operan a presiones más altas que las del suministro de agua, la bomba debe elevar la presión del agua de alimentación un poco por encima de la presión de operación de la caldera. El vapor limpio es agua pura en forma de gas. Cuando se enfría y se condensa es agua pura y se le denomina "condensado". A medida que se condensa en agua contiene considerable calor, el cual puede ser utilizado. Es un agua de relleno o de alimentación casi perfecta, ya que ha sido despojada de minerales disueltos y materia extraña en el proceso de evaporación. Siempre que es posible, el condensado es regresado a la caldera y recolectado en un tanque denominado "receptor o tanque de condensado". Cuando se recupera el condensado, el receptor puede también desempeñar la función de tanque de relleno.

En algunas instalaciones, el retorno del condensado puede suministrar tanto como el 99% del agua de alimentación y mientras más alto sea el porcentaje de condensado, se requiere menos tratamiento de agua. Otras instalaciones pueden requerir del 100% de reposición si por alguna razón el condensado no puede ser recuperado o si está muy contaminado.

Presiones de la caldera

La temperatura y la presión a las cuales opera una caldera tienen una relación definida, según se muestra en la siguiente tabla:

Punto de ebullición del agua a diferentes presiones

Temperatura presión

Punto de Ebullición del agua A Diferentes Presiones		
Temperatura		Presión
oF	oC	P.S.I.
212	100	0
300	149	52
400	204	232
500	260	666
600	316	1529
700	371	3080
705	374	3200

A presión atmosférica normal, el agua hierve a 100 ºC (212 ºF); a presiones más altas se incrementa el punto de ebullición, alcanzando un máximo de 374 ºC (705 ºF) a una presión de 225 kg/cm^2 (3200 psi). Arriba de esta temperatura el agua no puede existir como un líquido.

Capacidades de la caldera

Las calderas son clasificadas por la cantidad de vapor que puede producir en un cierto período de tiempo a una cierta temperatura. Las unidades más grandes producen 454,545 kg (1,000,000 lb) de vapor por hora. Las calderas se clasifican a 1 HP (0.745 kilowatts) de fuerza por cada 15.7 kg (34.5 lb) de agua que pueda evaporar por hora. Otra definición es 1 HP (0.745 kilowatts) por cada 0.93 m^2 (10 pie^2) de superficie de calentamiento en una caldera acuotubular o 1.11 m^2 (12 pie^2) de superficie de calentamiento en una caldera humotubular.

Equivalencias:

1 HP (0.745 kilowatts) hr de caldera = 15 lt. (4 gal.) de agua evaporada por hora.

1 kg (2.2 lb) de evaporación por hora = 1 lt. (0.26 gal) evaporado por hora.

1 galón de evaporación por hora = 8.34 lbs de agua por hora.

1 HP de caldera = 15 kg (33.36 lb) de agua por hora.

Selección del suavizador para calderas

En el proceso de seleccionar un adecuado suavizador del agua para el tratamiento de agua de alimentación de una caldera deben revisarse varias áreas. Esto implica básicamente la necesidad de obtener un análisis del agua, los HP de la caldera y la información referente a la recuperación del vapor. Cada una de estas áreas deberá revisarse previo al proceso de selección de un suavizador. La dureza del agua se compone de calcio y magnesio. La dureza en las aguas naturales variará considerablemente, dependiendo de la fuente de donde se obtenga el agua. Las secciones del país que tienen formaciones de piedra caliza generalmente tienen un alto contenido de dureza en el agua. Dado que las aguas superficiales son diluidas por las lluvias, el agua de pozo en la misma área normalmente tendrá una dureza mucho más alta que la del agua superficial, dado que el flujo es subterráneo sobre capas de rocas. Nunca debe suponerse el grado de dureza en una ubicación dada. Deben hacerse todos los esfuerzos posibles para obtener un análisis del agua en el sitio de la instalación. Esto garantizará la precisión en el proceso de selección. Para poder determinar el tamaño de un suavizador de agua el primer procedimiento en el proceso de selección es determinar la cantidad de dureza. Muchos de los reportes de análisis de agua expresan la dureza total en partes por millón (PPM). La expresión PPM debe ser convertida, si se usa sistema inglés, a granos por galón (GPG) para poder seleccionar el tamaño de un sistema suavizador. Para convertir la dureza expresada en PPM a GPG, dividir PPM entre 17.1. Ejemplo: Un reporte de dureza total de 400 PPM se convierte como sigue: 400 PPM ÷ 17.1 = 23 GPG de dureza.

Determinando el volumen de reposición

Para poder determinar la cantidad de agua utilizada para alimentar a una caldera, se necesita hacer cálculos para convertir la capacidad de la caldera a la cantidad máxima de agua de reposición en litros (galones). Las capacidades de la caldera se dan en varias formas. Sin embargo, todas pueden y deben ser convertidas a un factor común de caballos de fuerza. Por cada caballo de fuerza (0.745 kilowatts) se requiere un volumen de agua de alimentación de 16 lt (4.25 gal.) por hora. Para convertir otras capacidades de la caldera a caballos de fuerza debe consultarse la siguiente tabla.

CAPACIDADES DE LA CALDERA	FACTORES UTILIZADOS PARA CONVERTIR A CABS.DE FZA. (HP)
Kg (o Libras) de vapor por hora	Dividir entre 15.7 (para libras dividir entre 34.5)
BTU's	Dividir entre 33.475
Metros^2 (Pies^2) del área – acuotubulares	Dividir entre 0.93 (para pies^2 dividir entre 10)
Metros^2 (Pies^2) del área – humotubulares	Dividir entre 1.11 (para pies^2 dividir entre 12)

Para determinar los caballos de fuerza de la caldera deben conocerse dos factores adicionales para poder obtener la cantidad neta de agua de relleno requerida en un período de 24 horas. El primero de éstos es determinar la cantidad de retorno de condensado a la caldera. La cantidad del condensado regresado a un sistema de caldera es información vital para seleccionar un suavizador de agua. Esta información normalmente la conoce el operador de la caldera o el ingeniero de diseño. La cantidad del condensado regresado se resta de la cantidad máxima del volumen de agua de relleno calculado de la capacidad en caballos de fuerza. La cantidad neta a la que se hace referencia es la diferencia entre la máxima agua de relleno menos la cantidad de condensado regresado al sistema. Un método muy preciso para determinar la cantidad neta del agua de relleno por hora, o el porcentaje de condensado regresado, puede ser calculando simplemente de las operaciones existentes, comparando un análisis del agua del tanque receptor del condensado y el agua cruda de relleno. Al comparar estas dos aguas, uno puede ser muy preciso en la cantidad de condensado regresado al sistema. Ejemplo: Un tanque receptor de condensado con un agua que contenga 300 PPM de sólidos disueltos totales (SDT) y un factor conocido de 600 PPM de SDT en el suministro de agua cruda de relleno nos indicaría un retorno de condensado del 50%. Según se describió antes en esta publicación, el condensado es agua casi perfecta (cero SDT) cuando entra al tanque receptor del condensado. Por lo tanto, cuando el suministro de agua cruda de 600 PPM de SDT es diluida con agua con 0 PPM de SDT en relación 1:1, el resultado sería 300 PPM de SDT o una dilución del 50% o un retorno de condensado del 50%. El paso final en nuestra recolección de información para el proceso de selección del suavizador es obtener el número de horas que la caldera es operada en un día. Esto no es importante sólo para poder determinar el volumen total de agua de relleno, también es información requerida para determinar el diseño de nuestro sistema suavizador. Una caldera que opera 24 horas al día requerirá agua suave en todo momento. Por lo tanto, el diseño requerirá el uso de dos unidades. En los sistemas que operan 16 horas al día, el uso de un solo suavizador llenará las necesidades de la operación. Típicamente, el tiempo requerido para regenerar un suavizador es menos de tres horas.

Cálculos para seleccionar suavizador de calderas

Ahora estamos listos para proceder con un enfoque típico para seleccionar un suavizador de agua. Primero se reúne la información acerca de todos los aspectos del sistema de caldera discutidos en esta sección. Primero habrá que hacer un listado de todos los factores de nuestro diseño. La siguiente representa una planta de caldera típica de la cual podemos calcular la demanda para un suavizador.

(1) Determinar la dureza del agua

El análisis recibido o tomado está en partes por millón (PPM) o mg/l.

Si se usa sistema inglés convertir a granos por galón (GPG).

400 ppm ÷ 17.1 = 23 GPG

(2) Determinar los hp (caballos de fuerza) de la caldera

La capacidad de la caldera es en kg (libras) por hora de vapor.

Convertir a HPs.

784 kg (1,725 lbs) por hora ÷ 15.7 (34.5) = 50 HP

(3) Determinar el máximo de litros (galones) por hora de agua de relleno

La capacidad de la caldera es de 50 HP.

Convertir los HP a litros (o galones) por hora de agua de relleno.

50 HP x 16 lt (4.25 gal.) por hora de relleno

(4) Determinar la cantidad de condensado regresado al sistema y calcular el requerimiento neto de agua de relleno

El relleno por hora es de 800 litros (211 galones). El condensado regresado es del 50% o 400 litros (105.5 galones) por hora.

800-400= 400 litros (211 – 105.5 = 105.5 galones) de relleno netos por hora

(5) Determinar los requerimientos totales diarios de relleno

400 litros (105.5 galones) de relleno netos por hora. El sistema de caldera opera 16 horas al día. 400 litros (105.5 galones) por hora x 16 horas = 6,400 litros (1,688 galones) por cada día de operación.

(6) Determinar los gramos como $caco_3$ (o granos) de dureza totales que deberán ser removidos diariamente

6,400 litros (1,688 galones) por día con una dureza de 400 ppm o 400 mg/l o 0.4 g/l (23 granos por galón).

6,400 litros x 0.4 g/lt = 2,560 g (1,688 galones x 23 GPG = 38,824 granos) de dureza seca necesitan ser removidos del agua cada día.

La respuesta en nuestro sexto paso de 2,560 gramos (38,824 granos) de dureza seca para ser removidos del agua diariamente, nos lleva a nuestro enfoque final al seleccionar un suavizador de agua. Debido a la naturaleza de la importancia de obtener agua suave para el agua de alimentación de la caldera, debemos dejar un margen de error en nuestro proceso de selección. Comúnmente, este margen es del 15%. La multiplicación de 2,560 gramos (38,824 granos) por día x 1.15 da por resultado una demanda total de remoción de 2,944 gramos (44,648 granos) por día que necesitan ser removidos.

Calderas

Las Calderas o Generadores de vapor son instalaciones industriales que, aplicando el calor de un combustible sólido, líquido o gaseoso, vaporizan el agua para aplicaciones en la industria.

Hasta principios del siglo XIX se usaron calderas para teñir ropas, producir vapor para limpieza, etc., hasta que Papin creó una pequeña caldera llamada "marmita". Se usó vapor para intentar mover la primera máquina homónima, la cual no funcionaba durante mucho tiempo ya que utilizaba vapor húmedo (de baja temperatura) y al calentarse ésta dejaba de producir trabajo útil. Luego de otras experiencias, James Watt completó una máquina de vapor de funcionamiento continuo, que usó en su propia fábrica, ya que era un industrial inglés muy conocido. La máquina elemental de vapor fue inventada por Dionisio Papin en 1769 y desarrollada posteriormente por James Watt en 1776. Inicialmente fueron empleadas como máquinas para accionar bombas de agua, de cilindros verticales. Ella fue la impulsora de la revolución industrial, la cual comenzó en ese siglo y continúa en el nuestro. Máquinas de vapor alternativas de variada construcción han sido usadas durante muchos años como agente motor, pero han ido perdiendo gradualmente terreno frente a las turbinas. Entre sus desventajas encontramos la baja velocidad y (como consecuencia directa) el mayor peso por Kw. de potencia, necesidad de un mayor espacio para su instalación e inadaptabilidad para usar vapor a alta temperatura. Dentro de los diferentes tipos de calderas se han construido calderas para tracción, utilizadas en locomotoras para trenes tanto de carga como de pasajeros. Vemos una caldera multihumotubular con haz de tubos amovibles, preparada para quemar carbón o lignito. El humo, es decir los gases de combustión caliente, pasan por el interior de los tubos cediendo su calor al agua que rodea a esos tubos.

Definiciones
Caldera: recipiente metálico en el que se genera vapor a presión mediante la acción de calor. Verticales u horizontales.
Generador de vapor: es el conjunto o sistema formado por una caldera y sus accesorios, destinados a transformar un líquido en vapor, a temperatura y presión diferente al de la atmósfera.
Manómetro: el instrumento destinado a medir la presión efectiva producida por el vapor en el interior de la caldera.

Objetivos
Las calderas o generadores a vapor son equipos cuyo objetivo es:
*Generar agua caliente para calefacción y uso general, o
*Generar vapor para planta de fuerza, procesos industriales o calefacción.

Funcionamiento

Funcionan mediante la transferencia de calor, producida generalmente al quemarse un combustible, al agua contenida o circulando dentro de un recipiente metálico. En toda caldera se distinguen dos zonas importantes:

*Zona de liberación de calor o cámara de combustión: es el lugar donde se quema el combustible. Puede ser interior o exterior con respecto al recipiente metálico.

-Interior: la cámara de combustión se encuentra dentro del recipiente metálico o rodeado de paredes refrigeradas por agua.

-Exterior: cámara de combustión constituida fuera del recipiente metálico. Está parcialmente rodeado o sin paredes refrigeradas por agua.

La transferencia de calor en esta zona se realiza principalmente por radiación (llama-agua).

Zona de tubos: es la zona donde los productos de la combustión (gases o humos) transfieren calor al agua principalmente por convección (gases–aguas). Está constituida por tubos, dentro de los cuales pueden circular los humos o el agua.

Accesorios para el funcionamiento seguro

Las calderas deben poseer una serie de accesorios que permitan su utilización en forma segura, los que son:

- Accesorios de observación: dos indicadores de nivel de agua y uno o más manómetros. En el caso de los manómetros estos deberán indicar con una línea roja indeleble la presión máxima de la caldera.

- Accesorios de seguridad: válvula de seguridad, sistema de alarma, sellos o puertas de alivio de sobre presión en el hogar y tapón fusible (en algunos casos). El sistema de alarma, acústica o visual, se debe activar cuando el nivel de agua llegue al mínimo, y además deberá detener el sistema de combustión.

Las calderas de vapor, básicamente constan de 2 partes principales:

Cámara de agua:
Recibe este nombre el espacio que ocupa el agua en el interior de la caldera.

El nivel de agua se fija en su fabricación, de tal manera que sobrepase en unos 15 cm., por lo menos a los tubos o conductos de humo superiores. Con esto, a toda caldera le corresponde una cierta capacidad de agua, lo cual forma la cámara de agua. Según la razón que existe entre la capacidad de la cámara de agua y la superficie de calefacción, se distinguen calderas de gran volumen, mediano y pequeño volumen de agua. Las calderas de gran volumen de agua son las más sencillas y de construcción antigua. Se componen de uno a dos cilindros unidos entre sí y tienen una capacidad superior a 150 H de agua por cada m2 de superficie de calefacción. Las calderas de mediano volumen de agua están provistas de varios tubos de humo y también de algunos tubos de agua, con lo cual aumenta la superficie de calefacción, sin aumentar el volumen total del agua. Las calderas de pequeño volumen de agua están formadas por numerosos tubos de agua de pequeño diámetro, con los cuales se aumenta considerablemente la superficie de calefacción.

Como características importantes podemos considerar que las calderas de gran volumen de agua tienen la cualidad de mantener más o menos estable la presión del vapor y el nivel del agua, pero tienen el defecto de ser muy lentas en el encendido, y debido a su reducida superficie producen poco vapor. Son muy peligrosas en caso de explosión y poco económicas.

Por otro lado, la caldera de pequeño volumen de agua, por su gran superficie de calefacción, es muy rápida en la producción de vapor, tienen muy buen rendimiento y producen grandes cantidades de vapor. Debido a esto requieren especial cuidado en la alimentación del agua y regulación del fuego, pues de faltarles alimentación, pueden secarse y quemarse en breves minutos.

Cámara de vapor

Es el espacio ocupado por el vapor en el interior de la caldera, en ella debe separarse el vapor del agua que lleve una suspensión. Cuanto más variable sea el consumo de vapor, tanto mayor debe ser el volumen de esta cámara, de manera que aumente también la distancia entre el nivel del agua y la toma de vapor.

Clasificaciones

Existen varias formas de clasificación de calderas, entre las que se pueden señalar:

1.-Según la presión de trabajo:
- Baja presión   : de 0 - 2.5 Kg./cm2
- Media presión   : de 2.5 - 10 Kg./cm2
- Alta presión   : de 10 - 220 Kg./cm2
- Supercríticas   : más de 220 Kg. /cm2.

2.-Según su generación:
- De agua caliente
- De vapor: -saturado (húmedo o seco)
- De vapor -recalentado.

3.-Según la circulación de agua dentro de la caldera:

- Circulación natural: el agua se mueve por efecto térmico
- Circulación forzada: el agua se hace circular mediante bombas.

4.-Según la circulación del agua y los gases calientes en la zona de tubos de las calderas. Según esto se tienen 2 tipos generales de calderas:

1. Pirotubulares o de tubos de humo.

En estas caderas los humos pasan por dentro de los tubos cediendo su calor al agua que los rodea.

2. Acuotubulares o de tubos de agua.

El agua circula por dentro de los tubos, captando calor de los gases calientes que pasan por el exterior. Permiten generar grandes cantidades de vapor sobrecalentado a alta presión y alta temperatura, se usa en plantas térmicas para generar potencia mediante turbinas.

Características principales de calderas pirotubulares

Básicamente son recipientes metálicos, comúnmente de acero, de forma cilíndrica o semicilíndrica, atravesados por grupos de tubos por cuyo interior circulan los gases de combustión. Por problemas de resistencia de materiales, su tamaño es limitado. Sus dimensiones alcanzan a 5 mts de diámetro y 10 mts. de largo. Se construyen para Flujos máximos de 20.000 Kg. /h de vapor y sus presiones de trabajo no superan los 18 Kg. /cm2. Pueden producir agua caliente o vapor saturado. En el primer caso se les instala un estanque de expansión que permite absorber las dilataciones de agua. En el caso de vapor poseen un nivel de agua a 10 o 20 cm. sobre los tubos superiores.

Entre sus características se pueden mencionar:

- Sencillez de construcción.
- Facilidad de inspección, reparación y limpieza.
- Gran peso.
- Lenta puesta en marcha.
- Gran peligro en caso de explosión o ruptura debido al gran volumen de agua almacenada.

Vista general y corte de una Caldera pirotubular

Características principales de las calderas acuotubulares

Se componen por uno o más cilindros que almacenan el agua y vapor (colectores) unidos por tubos de pequeño diámetro por cuyo interior circula el agua. Estas calderas son apropiadas cuando el requerimiento de vapor, en cantidad y calidad, son altos. Se construyen para capacidades mayores a 5.000 Kg. /h de vapor (5 ton/h) con valores máximos en la actualidad de 2.000 ton/h. Permiten obtener vapor a temperaturas del orden de 550° C y presiones de 200kg/cm2 o más.

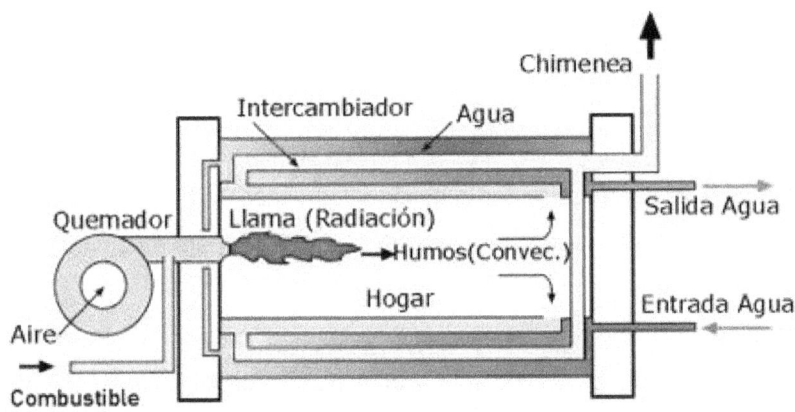

Vista y corte de una Caldera Acuotubular

Partes principales que componen una caldera

1.- Hogar: Fogón o caja de fuego y corresponde a la parte en que se quema el combustible. Se divide en puerta del hogar y cenicero

Las calderas pueden instalarse con Hogares para combustibles sólidos, líquidos o gaseosos, todo dependerá del proyecto del equipo y de la selección del combustible a utilizar.

2.- Emparrillado: tiene por objeto servir de sostén al lecho de combustible y permitir el paso del aire para la combustión.

3.- Altar: Es un muro de ladrillo refractario que descanse en una estructura metálica que va a continuación de la parrilla.

4.- Conductos de humo: es aquella parte de la caldera por donde circulan los humos o los gases calientes que se han producido en la combustión.

5.-Cajas de humo: Corresponde al espacio de la caldera que desempeña la función de caja colectora de los humos después de haber pasado por todos los conductos antes de salir por la chimenea.

6.- Chimenea: sirve para dar la salida a los gases de la combustión, los cuales deben ser evacuados a una altura suficiente para evitar perjuicios y molestias al vecindario.
También para producir el tiro necesario para que la combustión se efectuara en buenas condiciones y en modo continúo.

7.-Mampostería: Construcción de ladrillos refractarios y ladrillos comunes que tienen como objeto cubrir la caldera para evitar desprendimiento de calor al exterior.

8.- Cámara de agua: Volumen de la caldera que está ocupada por el agua y tiene como límite inferior un cierto nivel mínimo, del que no debe descender nunca el agua durante su funcionamiento.

9.- Cámara de vapor: Es aquella parte de la caldera que queda sobre el nivel superior del agua (volumen ocupado por el vapor considerando el nivel máximo admisible de agua).

10.- Cámara de alimentación de agua: Es el espacio comprendido entre los niveles máximos y mínimos del agua.

11.- Tapas de registro de inspección o lavado: tapas que tienen por objeto permitir inspeccionar ocularmente el interior de las calderas o lavarlas si es necesario para extraer, en forma mecánica o manual, los lodos que se hayan acumulado y que no hayan salido por las purgas.

12.- Puertas de hombre: puertas cuyo tamaño es suficiente para permitir el paso de un hombre para inspeccionar interiormente una caldera y limpiarla si es necesario (pueden tener una o más puertas de hombre según su tamaño y del equipo)

Riesgos de una caldera

1.- Aumento súbito de la presión:
Esto sucede generalmente cuando se disminuye el consumo de vapor, o cuando se descuida el operador y hay exceso de combustible en el hogar o cámara de combustión.

2.-Descenso rápido de la presión:
Se debe al descuido del operador en la alimentación del fuego.

3.-Descenso excesivo del nivel de agua:
Es la falla más grave que se puede presentar. Si este nivel no ha descendido más allá del límite permitido y visible , bastará con alimentar rápidamente, pero si el nivel ha bajado demasiado y no es visible, en el tubo de nivel, deberá considerarse seca la caldera y proceder a quitar el fuego, cerrar el consumo de vapor y dejarla enfriar lentamente. Antes de encenderla nuevamente, se deberá inspeccionarla en forma completa y detenida.

4.-Explosiones:
Las explosiones de las calderas son desastres de gravedad extrema, que casi siempre ocasionan la muerte a cierto número de personas. La caldera se rasga, se hace pedazos, para dar salida a una masa de agua y vapor; los fragmentos de la caldera son arrojados a grandes distancias.

Estos accidentes desgraciadamente frecuentes, han sido atribuidos durante mucho tiempo a causas excepcionales y fuerza del alcanza de la prevención, es decir, se les ha considerado como caso de fuerza mayor.

El estudio de las causas de las explosiones he permitido determinar que estas se deben a:

- Construcción defectuosa
- Falla de los accesorios de seguridad, válvula de seguridad que no habrán oportunamente o no son capaces de evacuar todo vapor que la caldera produce.
- Negligencia, descuido o ignorancia del operador.
- Mezcla explosiva en los conductos de humo.
- Falta de agua en las calderas (la más frecuente)
- Incrustaciones masivas o desprendimiento de planchones.

Cuando el nivel de agua baja, deja al descubierto las planchas, que estando en contacto con el calor de la combustión se recalientan al rojo. Al recalentarse estas pierden gran parte de su resistencia, el vapor se produce en menor cantidad por la disminución de la superficie de calefacción. Las incrustaciones actúan como aislante dejando las planchas de la caldera sometidas a calor y sin contacto con el agua. De esta manera se van recalentando y perdiendo su resistencia hasta que no son capaces de resistir la presión y se produce la explosión.

Tuberías y conducción

La instalación de tuberías de vapor, agua sobrecalentada y agua caliente se realizará de acuerdo con las siguientes prescripciones:

1. Materiales. -Se utilizará tubería de acero u otro material adecuado, según normas UNE u otra norma internacionalmente reconocida, y cuyas características de presión y temperatura de servicio sean como mínimo las de diseño. Para el cálculo de las

92

redes de tuberías se tomará como temperatura de diseño la máxima del fluido a transportar y como presión la máxima total en la instalación, que será:

- o Caso vapor: Igual a la presión de tarado de las válvulas de seguridad instaladas en la caldera, o en el equipo reductor de presión si existiese.
- o Caso agua sobrecalentada: Igual a la presión de tarado de las válvulas de seguridad de la caldera más la presión dinámica producida por la bomba de circulación.
- o Caso agua caliente: Igual a la presión estática más la presión dinámica producida por la bomba de circulación.

En los lugares que pudieran existir vibraciones, esfuerzos mecánicos, o sea necesario para el mantenimiento del aparato, podrán utilizarse tuberías flexibles con protección metálica, previa certificación de sus características. Las válvulas y accesorios de la instalación serán de materiales adecuados a la temperatura y presión de diseño, características que deben ser garantizadas por el fabricante o proveedor. Las juntas utilizadas deberán ser de materiales resistentes a la acción del agua y vapor, así como resistir la temperatura de servicio sin modificación alguna.

2. Diámetro de la tubería. -La tubería tendrá un diámetro tal que las velocidades máximas de circulación serán las siguientes:

- o Vapor saturado: 50 m/seg.
- o Vapor recalentado y sobrecalentado: 60 m/seg.
- o Agua sobrecalentada y caliente: 5 m/seg.

3. Uniones. -Las uniones podrán realizarse por soldadura, embridadas o roscadas. Las soldaduras de uniones de tuberías con presiones de diseño mayores que 13 kg./cm² deberán ser realizadas por soldadores con certificado de calificación. Las uniones embridadas serán realizadas con bridas, según

normas UNE u otra norma internacionalmente reconocida, y cuyas características de presión y temperatura de servicio sean como mínimo las de diseño.

4. Ensayos y pruebas. -El nivel y tipo de ensayos no destructivos (END) a realizar en las instalaciones incluidas en esta Instrucción, así como las condiciones de aceptación, serán los prescritos por el código o normas de diseño utilizadas en el proyecto. Si el código no prescribe niveles determinados en END, para presiones superiores a 13 kg./cm², se realizará un 25 por 100 de control no destructivo de las uniones, y las restantes se inspeccionarán visualmente. Como condiciones de aceptación se emplearán las de un código de diseño adecuado y reconocido internacionalmente. Para tuberías de vapor y agua sobrecalentada situadas en zonas peligrosas, por su atmósfera, locales de pública concurrencia, vibraciones, etc., se prohíben las uniones roscadas, y deberán realizarse ensayos no destructivos del 100 por 100 de las uniones soldadas. Una vez realizada la prueba de resistencia a presión, según el artículo 3º, 3, se realizará una prueba de estanqueidad en las condiciones de servicio.

5. Puesta en servicio. -Para las instalaciones de agua sobrecalentada y caliente debe comprobarse el perfecto llenado de las mismas, por lo que se proveerán los adecuados puntos de salida del aire contenido.

6. Instalación:
   - La instalación de tuberías y accesorios para vapor, agua sobrecalentada y caliente, estará de acuerdo con la norma UNE u otra norma internacionalmente reconocida.
   - Las tuberías podrán ser aéreas y subterráneas, pero en todos los casos deberán ser accesibles, por lo que las

subterráneas serán colocadas en canales cubiertos o en túneles de servicios.

- Con el fin de eliminar al mínimo las pérdidas caloríficas, todas las tuberías deberán estar convenientemente aisladas, según Decreto 1490/1975.

- Para evitar que los esfuerzos de dilatación graviten sobre otros aparatos, tales como calderas, bombas o aparatos consumidores, deberán preverse los correspondientes puntos fijos en las tuberías con el fin de descargar totalmente de solicitaciones a aquéllos.

- En todos los casos los equipos de bombeo de agua sobrecalentada, equipos consumidores, válvulas automáticas de regulación u otros análogos, deberán ser seccionables de la instalación con el fin de facilitar las operaciones de mantenimiento y reparación.

- Todos los equipos de bombeo de agua sobrecalentada y caliente dispondrán en su lado de impulsión de un manómetro.

- La recuperación de condensados en los que exista la posibilidad de contaminación por aceite o grasas requerirá la justificación ante la Delegación Provincial del Ministerio de Industria y Energía correspondiente de los dispositivos y tratamientos empleados para eliminar dicha contaminación y, en caso contrario, serán evacuados.

- Las instalaciones reductoras de presión en los circuitos de vapor dispondrán de:

  - Manómetro con tubo sifón y grifo de tres direcciones según artículo 11 de la Instrucción MIE-AP1, «Calderas», situadas antes y después de la válvula reductora.

- Una válvula de seguridad después de la válvula reductora, capaz de evacuar el caudal máximo de vapor que permite la conducción sobre la que se encuentra y tarado a la presión reducida máxima de servicio más un 10 por 100 como máximo.

- Si dos o más calderas de vapor están conectadas a un colector común, éste estará provisto del correspondiente sistema de purga de condensados y aquéllos de una válvula de retención que impida el paso del vapor de una a otra caldera.

- Todo sistema de purga de condensados conectado a tubería de retorno común estará provisto de una válvula de seccionamiento.

- Los colectores de vapor y agua sobrecalentada en los que el producto de P (en kg./cm²) por V (en metros cúbicos) sea mayor que 5, serán sometidos a las prescripciones generales del Reglamento de Aparatos a Presión.

- En las instalaciones de vapor se evitarán las bolsas, pero en caso de existir, deberán instalarse los correspondientes sistemas de purgas en el punto más bajo de las mismas.

- Instalación de tuberías auxiliares para las calderas de vapor, agua sobrecalentada y agua caliente.

- La tubería de llegada de agua al depósito de alimentación tendrá una sección tal que asegure la llegada del caudal necesario para el consumo de la caldera en condiciones máximas de servicio, así como para los servicios auxiliares de la propia caldera y de la sala de calderas. La tubería de alimentación de agua tanto a calderas como a depósitos, tendrá como mínimo 15 mm. de diámetro interior,

96

excepto para instalaciones de calderas con un PV menor o igual a 5, cuyo diámetro podrá ser menor, con un mínimo de 8 milímetros, siempre que su longitud no sea superior a un metro.

- Las tuberías de vaciado de las calderas tendrán como mínimo 25 mm. de diámetro, excepto para calderas con un PV menor o igual a cinco, cuyo diámetro podrá ser menor, con un mínimo de 10 mm., siempre que su longitud no sea superior a un metro.

- Todos los accesorios instalados en la tubería de llegada de agua proveniente de una red pública serán de presión nominal PN 16, no admitiéndose en ningún caso válvulas cuya pérdida de presión sea superior a una longitud de tubería de su mismo diámetro y paredes lisas igual a 600 veces dicho diámetro.

- La alimentación de agua a calderas mediante bombas se hará a través de un depósito, quedando totalmente prohibido la conexión de cualquier tipo de bomba a la red pública.

- Aunque el depósito de alimentación o expansión sea de tipo abierto, estará tapado y comunicado con la atmósfera con una conexión suficiente para que en ningún caso pueda producirse presión alguna en el mismo. En el caso de depósito de tipo abierto con recuperación de condensados, esta conexión se producirá al exterior. En el caso de depósito de tipo cerrado, dispondrá de un sistema rompedor de vacío.

- Todo depósito de alimentación dispondrá de un rebosadero cuya comunicación al albañal debe poder comprobarse mediante un dispositivo apropiado que permita su inspección y constatar el paso del agua.

- Los depósitos de alimentación de agua y de expansión en circuito de agua sobrecalentada y caliente dispondrán de las correspondientes válvulas de drenaje.

- No se permite el vaciado directo al alcantarillado de las descargas de agua de las calderas; purgas de barros, escapes de vapor y purgas de condensados, debiendo existir un dispositivo intermedio con el fin de evitar vacíos y sobrepresiones en estas redes.

- De existir un depósito intermedio de evacuación dispondrá de:

  - Tubo de ventilación de suficiente tamaño para evitar la formación de sobrepresión alguna, conectado a la atmósfera y libre de válvulas de seccionamiento.

  - Capacidad suficiente para el total de agua descargada en purgas por todas las conexiones al mismo, en un máximo de cuatro horas.

  - Las tapas o puertas de inspección con juntas que eviten los escapes de vapor.

- En la instalación de sistemas de tratamiento de agua de alimentación a calderas deberá instalarse a la entrada del mismo una válvula de retención si se conecta directamente a una red pública.

Válvulas y Componentes de Seguridad de una caldera

- Válvulas de Seguridad o Alivio
- Detector de llama o Fotocelda
- Control de presión de seguridad o límite

- Control auxiliar de bajo nivel de agua ALWC
- Alarmas tipo acústica o visual
- Toda caldera deberá tener una o varias válvulas de seguridad que permitan el DESALOJO de vapor con una capacidad igual o mayor de la capacidad de generación nominal del equipo. En algunos casos se requiere un 10 - 15 % por encima de la capacidad. Ejemplo: Una caldera de 100 B.H.P. de capacidad, genera 3,450 Lbs de Vapor / hr. (100 H. P. x 34.5 Lbs/hr); la o las válvulas de seguridad deberán DESALOJAR las 3,450 Lbs de vapor / hr, más un 10% adicional, totalizando 3,795 Lbs vapor / hr.
- El fabricante determina el volumen de desalojo, el número de válvulas y los diámetros adecuados para cada modelo y capacidad de generación.
- ES RECOMENDABLE ANOTAR LOS DATOS DE PLACA DE LAS VÁLVULAS DE SEGURIDAD PARA FUTUROS CAMBIOS.
- Las válvulas de seguridad deben ser accionadas manualmente con regularidad, mínimo una vez al mes, para asegurar su buen funcionamiento; sedimentos retenidos en el asiento de la válvula podrían "pegar" la válvula o impedir el cierre total, generando fugas.
- Cada 6 meses o cuando lo recomiende un inspector de calderas, se deberá realizar una prueba de disparo automático de las válvulas incrementando la presión hasta el límite de diseño o presión de disparo.
- En caso de fallo, la válvula sustituta deberá tener la misma capacidad de desalojo que la original y respetar el diámetro.
- No es seguro y nadie puede garantizar la reparación o ajuste de una válvula de seguridad; al romper el marchamo, se pierde la garantía de seguridad.

- Deberá instalarse tubos de venteo con salida segura al medio ambiente y no apoyar sobre la válvula el peso del venteo.

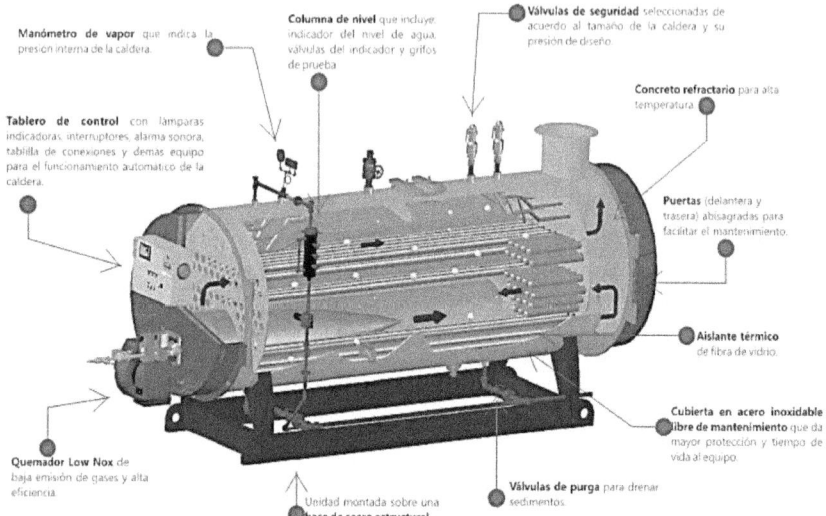

Vista general de una caldera horizontal y sus componentes

INSTALACIONES DE VAPOR. EN: CALANDRAS, SECADORAS-PLANCHADORAS, LAVADORAS-CENTRIFUGADORAS, TÚNELES DE LAVADO, SECADORAS, MANIQUÍES, PRENSA GIRATORIA

Calandras

Son máquinas que se utilizan para planchar la ropa llamada plana, como sábanas. Se componen de uno, dos o tres rodillos y de un elemento calefactor o cubeta. La ropa se introduce en la calandra húmeda directamente del centrifugado de la lavadora, y a medida que se plancha se seca. En algunas calandras de más prestaciones, la ropa sale doblada. La velocidad de la máquina se regula según el grado de humedad de la ropa. En hoteles con lavandería integral se puede doblar las sábanas al salir de las calandras en grupos de dos, facilitando así el trabajo de las camareras en el momento de hacer la cama.

Las calandras murales son desarrolladas en el proceso de planchado y secado.

Características generales

Calefacción:

Eléctrica, Gas, Vapor.

Construcción:

Interior de la estructura en acero tratado y pulido. La carrocería exterior de chapa de acero revestida de pintura poliéster.

Rodillo de construcción en acero pulido.

Control:

Mediante un potente microprocesador el cual nos permite controlar la velocidad y temperatura de secado.

Funcionamiento:

Introducción de la ropa directamente de la lavadora de alta velocidad, sin previo secado.

Entrada y salida de las prendas por la parte delantera con cajón recogedor, planchado mediante rodillo a presión y bandas nómex.

Variador de frecuencia:

Nos permite regular la velocidad de planchado.

Temperatura:

Controlada automáticamente mediante termostato de rápida lectura y regulación.

Seguridad:

Barra de seguridad para protección de las manos según normas CE.

Tipos de calandras:

Planchadora secadora.

Planchadora secadora con plegador longitudinal incorporado.

Planchadora secadora con introductor y plegador longitudinal incorporado.

Opcionales:

Rodillo Cromado, Smart System control de velocidad automático según la humedad real de la ropa.

Barra de seguridad para protección de las manos según normas CE

Secadoras-planchadoras

Las que se utilizan donde se ofrece un servicio de lavandería integral tienen prestaciones industriales, y se componen de mesas con complementos de articulaciones para mangas de trajes en ambos lados, realizando el secado y planchado con vapor de caldera o generador de vapor.

Lavadoras-centrifugadoras

Son cada vez más sofisticadas, pensadas para efectuar procesos de lavado rápidos con poco consumo y de forma muy automática, lo que supone poca manipulación con el consiguiente ahorro de tiempo y salario.

Los programas de lavado-centrifugado se pueden personalizar para adaptarse a las características de cada tipo de ropa. A la hora de instalar éstas máquinas, es conveniente disponer de una máquina opcional para casos de avería; por esta razón es aconsejable comprar dos cuya capacidad sumada sea igual a la determinada como necesaria para cubrir el servicio. Para buscar la idoneidad de una lavadora-centrifugadora se tendrá en cuenta lo siguiente:

- Los kilos de ropa sucia para lavar cada día, relacionados con la ocupación prevista.
- La categoría del hotel, pues está relacionada con el volumen de ropa que genera.
- El espacio del que se dispone para la instalación
- La relación entre cantidad diaria de ropa sucia para lavar y el tiempo que tarda una lavadora en cada proceso para saber de esta forma cuántos kilos de ropa sucia lava durante una jornada de ocho horas, asistida por una persona, y poder planificar no sólo la capacidad en kilos que deberá tener la lavadora sino también el número de personas que necesitan para el servicio.
- La facilidad para la carga y descarga
- Suministro a la máquina de productos de lavado, tanto los servidos en polvo como en líquido. Cuando la máquina los toma automáticamente las dosis son siempre las adecuadas.
- El máximo movimiento del baño a la alta velocidad alcanzada por el bombo mejora la eficacia y la rapidez de los lavados.
- Que la máquina tenga programador de ciclos para poder eliminar fases del proceso que no sean necesarias para la ropa que se esté lavando en un determinado momento.

Características generales

Calefacción:

Agua caliente, eléctrica, vapor.

Construcción:

Mueble, tambor y envolvente en acero inox. AISI-304. Calidad 18/10.

Amplia apertura de la puerta.

Amplia boca de carga, con medidas para paso de puertas 8kg<700mm y 13kg<800mm.

Control:

- Microprocesador (MP): Permite programar hasta 30 programas de 15 ciclos cada uno, con un total de 99 ciclos a programar libremente. Indicador en pantalla de niveles, temperatura, velocidad de trabajo, tiempo, fase, etc.

- Microprocesador electrónico (M): dispone de 16 programas de lavado fijos, pantalla de 4 líneas con indicación del programa, fase y temperatura. Posibilidad de avance, pausa y paro del programa.

Variador de frecuencia:

Esta tecnología permite elegir cualquier velocidad de trabajo según las necesidades.

Ahorro energético de hasta un 28%, elimina sobre intensidades de arranque.

No existen sobrecargas mecánicas de proceso.

Un solo motor realiza todo el proceso.

Dosificación:

4 compartimentos para detergentes. Preparada para la conexión de detergentes líquidos.

Conexiones automáticas para la dosificación de productos líquidos: (M) 5 señales; (MP) 7 señales.

Toma a descalcificada (MPE:

Sin necesidad de anclaje.

Túneles de lavado

Son lavadoras en serie y continuo, de uso industrial para grandes cantidades de prendas y tejidos. Con el mismo proceso que una lavadora de uso comercial, pero de mayor magnitud. Los hay para usos de otros tipos: Vajillas, piezas mecánicas, envases, etc.

Secadoras

Estas máquinas imprescindibles en lavandería es necesario conocer lo siguiente:

- Qué sistema utilizan para obtener el calor
- Cuál es la capacidad para la evaporación del agua
- La instalación necesaria
- La facilidad de limpieza de las partículas de fibras desprendidas por la ropa
- Si dispone de temporizador para aire caliente y frío. Al final de cada proceso conviene añadir unos minutos de aire frío, además secar con aire frío es necesario en muchas piezas de ropa, sobre todo en las que proceden de la cocina, donde puede haber restos de grasa que se incendiarían con el calor.

Características diferenciales

A) Motorreductor. La potencia del motor es transmitida directamente al tambor, con ausencia de elementos mecánicos intermedios. (Poleas, correas, etc.). Excepto modelos P: transmisión mediante un único motor, correas y poleas, sin inversión de giro. Sin variador de frecuencia.

B) Filtro Easyclean (S-11 a S-37): filtro de borras de fácil acceso, limpieza simplificada y lavable.

Nueva fijación reforzada al mueble.

C) Inversión de giro estándar: evita apelmazamientos en la ropa, posibles arrugas y facilita la posterior manipulación de la ropa. (Excepto modelos P)

Características generales

Calefacción:

Electricidad: Resistencias de aluminio aleteadas

(S-11 a S-26). Resistencias de acero (S-37 y S-50).

Gas: Quemador de gas tubular (excepto mod. S-37: quemador de parrilla).

Vapor: batería en acero, 5 años de garantía.

Construcción:

Tambor construido en acero inox. AISI 304 calidad 18/10. Mueble exterior en skin plate (modelos S-11, S-17 y S-26) Mueble exterior en acero pintado epoxi (S-37 a S-125).

Puerta de gran diámetro, interior en acero inoxidable y apertura de 180°. Modelos S-11 a S-17 con ancho inferior a 800mm. Modelo S-26 con ancho inferior a 900mm.

Control de secado:

Edu: Microprocesador con diez posibilidades de programas preestablecidos, modificación puntual de cada programa. Indicador de tiempo restante de ciclo y temperatura de consigna. Analógicas: permite seleccionar el tiempo de secado y la temperatura de trabajo.

Variador de frecuencia:

Excepto en modelos P.

Regulable electrónicamente según el tipo de tejido. La mayor suavidad de arranque y frenado dan mayor durabilidad a los elementos mecánicos.

Cool down:

Equipadas con enfriamiento progresivo al final del ciclo para evitar arrugas en las prendas (automático en los modelos Edu).

Maniquíes

Equipos de planchado especial denominados maniquíes de planchado.
Características:

- Mecanismo neumático para el bloqueo de las cinturas
- Platos de cinturas fácilmente acoplables para caballero o niño
- Desplazamiento de las pinzas oscilantes mediante cilindro de doble efecto
- Posibilidad de planchado mediante cuchillas internas recambiables
- Bloqueo y regulación automáticos en la tensión de bajadas de piernas
- Manorreductor frontal para la tensión de cinturas
- Potentes difusores para la salida del vapor
- Acabados de gran calidad, debido a la potencia del ventilador
- Regulación de salida del aire y del vapor
- Temporizadores electrónicos para ciclos de vapor, aire y mezcla
- Producción: 100-110 prendas/hora

Prensa giratoria

La Prensa es utilizada para el planchado por presión de vapor y prensado, viene con cierre manual, con planos de trabajo vaporizados.
Disponible con sistema autónomo o par empalmes con fuentes de vapor/aire/aspiración separadas. Rotativas e inclinables.

Especificaciones:

Caldera eléctrica autonomía incorporada (9-12-15) kw

Aspirador incorporado

Compresor bicilíndrico

Brazo inoxidable

Pistola vapor

Pistola aire-vapor

Chasis protección manos CE

Cierre a pedal con chasis protección manos

Plano superior pulido

N. 3 timer para el planchado automático

* Calderas

Esquema de caldera de hierro fundido por gasóleo para calefacción y agua caliente sanitaria instantánea

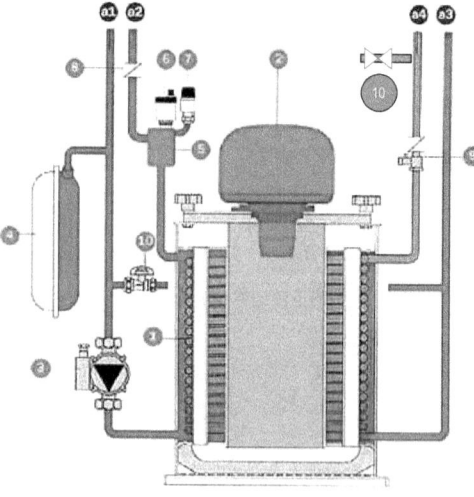

1 Cuerpo de caldera
2 Quemador
3 Bomba aceleradora
4 Vaso de expansión
5 Separador de aire
6 Purgador automático
7 Válvula de seguridad
8 Válvula antirretorno
9 Válvula de seguridad con antirretorno
10 Llave de llenado con antirretorno
a1 Retorno instalación calefacción
a2 Ida instalación calefacción
a3 Salida agua caliente sanitaria
a4 Entrada agua fría

AUTOEVALUACIÓN

Instalación de vapor: Salas de máquinas. Producción. Conducción. Válvulas. Instalaciones de vapor en calandras, secadoras-planchadoras, lavadoras-centrifugadoras, túneles de lavado, secadoras, maniquíes, prensa giratoria.

---

1. En una instalación de vapor, el agua es calentada y convertida en:
- a) Humedad
- b) Frío
- c) Calor
- d) Vapor
- e) Sólido

2. El sistema de vapor está formado principalmente por:
- a) Enfriadores y neveras
- b) Aljibes y Acetileno
- c) Flujo frigorífico y freón
- d) Calentadores y calderas
- e) Calandras y centrifugadoras

3. ¿Cómo se denomina el sector donde se instalan los generadores de vapor y sus accesorios?
- a) Sala de estar
- b) Sala de agua
- c) Sala de vapor
- d) Sala de máquinas
- e) Ninguna es correcta

4. El material de construcción de la sala mencionada en la pregunta anterior, debe ser de material:
- a) Combustible
- b) Oxidable
- c) Incombustible
- d) Inoxidable
- e) Antirradiactivo

5. ¿Con qué máquinas de puede producir vapor?
- a) Generadores eléctricos
- b) Software
- c) Motores diésel
- d) Calderas

e) Aerogeneradores

6. En la selección del suavizador para calderas, la dureza del agua se compone de:
a) Zinc y tungsteno
b) Calcio y magnesio
c) Plomo y azufre
d) Todas son correctas
e) Ninguna es correcta

7. Señalar la respuesta correcta: Las partes principales de una caldera son:
a) Cámara de agua
b) Cámara de gas
c) Cámara de vapor
d) Cámara de humedad
e) a y c son correctas

8. Qué define el siguiente enunciado: Es el espacio ocupado por el vapor en el interior de la caldera, en ella debe separarse el vapor del agua que lleve una suspensión. Cuanto más variable sea el consumo de vapor, tanto mayor debe ser el volumen de esta cámara, de manera que aumente también la distancia entre el nivel del agua y la toma de vapor.
a) Cámara de agua
b) Cámara de gas
c) Cámara de humedad
d) Cámara de presión
e) Ninguna es correcta

9. En las formas de clasificación de calderas, señalar cuál o cuáles no corresponde:
a) Según la presión de trabajo
b) Según su generación
c) Según la circulación de agua dentro de la caldera
d) Todas son correctas
e) Ninguna es correcta

10. Según la circulación del agua y los gases calientes en la zona de tubos de las calderas. Según esto ¿Se tienen cuántos tipos generales de calderas?
a) Uno
b) Dos
c) Tres
d) Cuatro

e) Cinco

11. ¿En las calderas pirotubulares, qué elemento circula por los tubos?
a) Gases
b) Agua
c) Humo
d) Nitrógeno
e) Oxígeno

12. ¿En las calderas acuotubulares, qué elemento circula por los tubos?
a) Sólidos
b) Agua
c) Humo
d) Nitrógeno
e) Oxígeno

13. Las presiones de trabajo de las calderas pirotubulares no superan los:
a) 10 kg./cm2
b) 5 kg./cm2
c) 15 kg./cm2
d) 25 kg./cm2
e) 18 kg./cm2

14. Las presiones de trabajo de las calderas acuotubulares son de:
a) 100 kg./cm2 o más
b) 200 kg./cm2 o más
c) 300 kg./cm2 o más
d) 400 kg./cm2 o más
e) 500 kg./cm2 o más

15. Cuál de los siguientes no corresponde a una parte de la caldera:
a) Hogar
b) Emparrillado
c) Chimenea
d) Crisol
e) Conductos de humo

16. Qué parte de la caldera define el siguiente enunciado: Puertas cuya tamaño es suficiente para permitir el paso de un hombre para inspeccionar interiormente una caldera y limpiarla si es necesario (pueden tener una o más puertas de hombre según su tamaño y del equipo).

a) Puerta de caldera
b) Puerta de entrada
c) Puerta de hombre
d) Puerta de limpieza
e) Puerta de entrada

17. Las Tapas de registro de inspección o lavado, sirven para:
a) Inspeccionar ocularmente el interior de las calderas
b) Inspeccionar auditivamente el interior de las calderas
c) Inspeccionar tácticamente el interior de las calderas
d) Inspeccionar intuitivamente el interior de las calderas
e) Inspeccionar pausadamente el interior de las calderas

18. La instalación de tuberías y accesorios para vapor, agua sobrecalentada y caliente, estará de acuerdo con las normas internacionalmente reconocidas y la norma:
a) ISO
b) IRAM
c) UNE
d) ALCA
e) Ninguna es correcta

19. Las tuberías de las instalaciones de calderas podrán ser:
a) Verticales u Horizontales
b) Fijas o móviles
c) Metálicas o de PVC
d) Aéreas y subterráneas
e) Ninguna es correcta

20. Las válvulas de seguridad deben ser accionadas manualmente con regularidad, mínimo una vez:
a) Al día
b) A la semana
c) Al mes
d) Al año
e) Todas son correctas

21. La prueba de disparo automático de las válvulas, es recomendable realizarla cada:
a) 2 meses
b) 3 meses
c) 4 meses
d) 5 meses
e) 6 meses

22. **Qué máquina define el siguiente enunciado. Son máquinas que se utilizan para planchar la ropa llamada plana, como sábanas. Se componen de uno, dos o tres rodillos y de un elemento calefactor o cubeta:**
    a) Túneles de lavado
    b) Calandras
    c) Centrifugadoras
    d) Lavadoras
    e) Ninguna es correcta

23. **Los túneles de lavado son de uso:**
    a) Particular
    b) General
    c) Industrial
    d) Todas son correctas
    e) Ninguna es correcta

24. **Los maniquíes de lavandería son usados para:**
    a) El lavado
    b) El secado
    c) El planchado
    d) Quitamanchas
    e) Costura

25. **La prensa de planchado de lavandería, realiza el planchado por:**
    a) Presión de agua
    b) Presión de aire
    c) Presión de vapor
    d) Presión física
    e) Presión estática

SOLUCIONARIO

1. d)
2. d)
3. d)
4. c)
5. d)
6. b)
7. e)
8. e)
9. e)
10. b)
11. c)
12. b)
13. e)
14. b)
15. d)
16. c)
17. a)
18. c)
19. d)
20. c)
21. e)
22. b)
23. c)
24. c)
25. c)

Instalación de agua caliente. Producción. Funcionamiento. Regulación. Conducción. Almacenamiento. Intercambiadores de calor. Radiadores.

INSTALACIÓN DE AGUA CALIENTE. PRODUCCIÓN

En la construcción de las edificaciones, uno de los aspectos más importantes es el diseño de la red de instalaciones sanitarias, debido a que debe satisfacer las necesidades básicas del ser humano, como son el agua potable para la preparación de alimentos, el aseo personal y la limpieza del hogar, eliminando desechos orgánicos, etc. Las instalaciones sanitarias estudiadas en este caso, son del tipo domiciliario, donde se consideran los aparatos sanitarios de uso privado. Estas instalaciones básicamente deben cumplir con las exigencias de habitabilidad, funcionabilidad, durabilidad y economía en toda la vivienda. El diseño de la red sanitaria, que comprende el cálculo de la pérdida de carga disponible, la pérdida de carga por tramos considerando los accesorios, el cálculo de las presiones de salida, tiene como requisitos: conocer la presión de la red pública, la presión mínima de salida, las velocidades máximas permisibles por cada tubería y las diferencias de altura, entre otros. Conociendo estos datos se logrará un correcto dimensionamiento de las tuberías y accesorios de la vivienda, como se verá en el presente trabajo. El trabajo se basa en el método más utilizado para el cálculo de las redes de distribución interior de agua, que es el denominado Método de los gastos probables, creado por Roy B. Hunter, que consiste en asegurar a cada aparato sanitario un número de "unidades de gasto" determinadas experimentalmente.

Objetivos del estudio de las Instalaciones de Agua Caliente Sanitaria (ACS)

- Llegar a todos los puntos de consumo con presión y caudal suficiente.
- Economía entre los elementos empleados y la aptitud de la instalación.

SISTEMAS DE PRODUCCIÓN DE ACS

Criterios de Clasificación

- En función del Número de Unidades atendidas
⇒ Unitarios (Calentador, Termo)
⇒ Individuales (Un solo propietario)
⇒ Centralizados (Todo un edificio)

- En función del Sistema empleado en la Producción
⇒ Instantánea (calentar en cada momento el caudal preciso)
⇒ Por Acumulación (almacenar en depósito una vez calentada)

- En función del tipo de Energía empleada
⇒ Combustible (sólido, líquido, gas)
⇒ Electricidad
⇒ Otras (Eólica, solar)

Funcionamiento. Regulación. Conducción. Almacenamiento.

Características

✓ La propiedad de los generadores de calor dependerá del sistema empleado.

✓ A tener en cuenta la Potencia de las calderas individuales (sin simultaneidad) y la de calderas centralizadas (estudio de horas punta, etc.)

✓ La suma de las potencias en centralizada será menor que la suma de las potencias en individuales.

✓ También se reducirá la suma de potencias en acumulación que en instantánea.

Ejemplo sobre diferencias de Potencias de generadores

27 l/m a 42°C durante 10 minutos; calentador instantáneo, cada ducha a la vez (simult) Potencia del calentador 60 Kw.

Depósito de 500 l acumulando a 55°C, se necesita 15 Kw funcionando 30 minutos.

✓ Instalaciones individuales, más pequeñas y con una red de tuberías muy pequeña y no compleja.

✓ Instalaciones centralizadas, más grande y red más compleja, pero menores consumos.

✓ Red de retorno en centralizadas.

✓ En segundas residencias (fin de semana) es ventajosa el ACS centralizada.

✓ Importante en centralizado los Reguladores de Temperatura.

Sistemas Individuales			Sistemas Centralizados		
1	Instantáneo	Calentador a Gas	(Regulador de Temperaturas)		
2	Acumulación	A Gas	1	Instantáneos	Intercambiador
		Eléctrico	2	Acumulación	Interacumulador
3	Caldera Mixta	ACS-Calefacción	3	Mixto	Con Depósito
4	Bomba de Calor	Caro para ACS	4	Caldera Mixta	Dos calderas independientes intercomunicadas y sectorizadas

Sistemas de Producción Individual

(Potencias entre 11 y 33 Kw, Caudales entre 5 y 15 l/m a 40°C)

Calentador Instantáneo de Gas

No es apto para demandas grandes, pues hace bajar la temperatura. Tiene REGULADOR DE TEMPª que controla el caudal del serpentín.

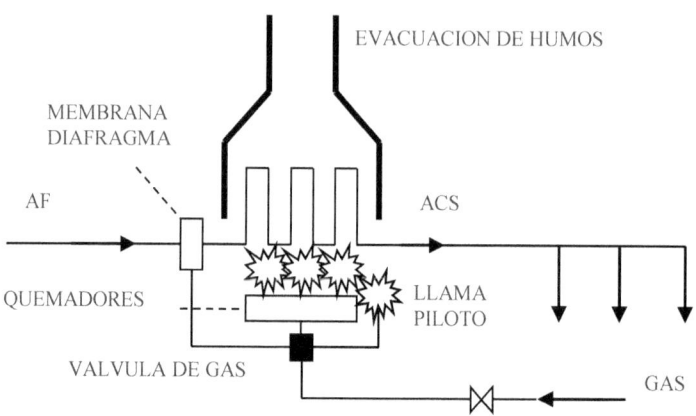

Tiene VÁLVULA DE CAUDAL MÍNIMO para asegurar el arranque del encendido. Tiene llama piloto permanente. La VÁLVULA DE ENTRADA DE GAS está controlada por el DIAFRAGMA (membrana que dilata la presión de agua al abrir el grifo y que hace que se abra el conducto de gas para el encendido de los quemadores con la llama piloto).

Tiene VÁLVULA DE SEGURIDAD DE ENCENDIDO DEL PILOTO que evita salidas de gas con el piloto apagado.

Se aconseja 12 metros de distancia entre el último grifo servido y el calentador. Su principal ventaja es la sencillez y la economía. Su desventaja es en cuanta capacidad térmica y que no dispone de recirculación.

Calentador Acumulador de Gas

DEPÓSITO que envuelve una chimenea con cámara de combustión. El depósito tiene doble   chapa metálica con aislamiento térmico interior. Permite Tempª de 55ºC con potencias de 7 a 35 Kw, y caudal acumulado de 100 a 250 litros. Permanente control de tempª por TERMOSTATO con medida máxima y mínima.

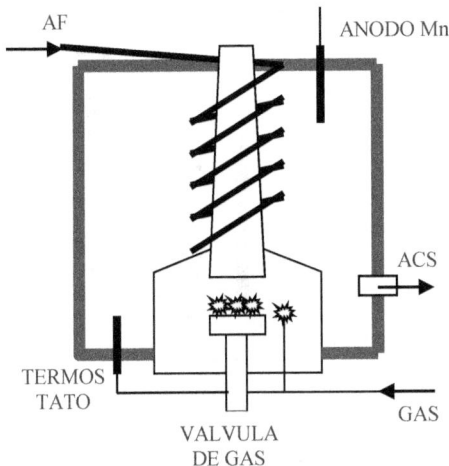

El QUEMADOR se enciende cuando el termostato detecta tempª mínima y actúa sobre la válvula de gas abriéndola. Se permiten mayores distancias al punto de consumo más lejano. Permite circuitos de retorno.

Termo Acumulador Eléctrico

RESISTENCIA ELÉCTRICA calienta el agua. El TERMOS-TATO regula el encendido eléctrico. VÁLVULA DE SEGURI-DAD DE PRESIÓN Y TEMPERATURA, con grifo de vaciado.

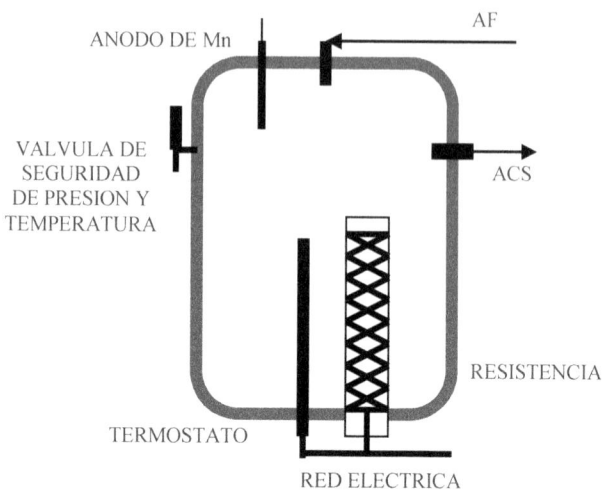

ANODO DE Mn

VALVULA DE
SEGURIDAD
DE PRESION Y
TEMPERATURA

AF

ACS

RESISTENCIA

TERMOSTATO

RED ELECTRICA

Con ÁNODO DE SACRIFICIO para evitar la pila galvánica. Con capacidad de 50 a 200 litros. No precisa salida de humos. Instalación más sencilla. No necesita rejillas de aireación para la combustión. Necesidad de HIDROMEZCLADORES y aislamiento en tuberías por las altas temperaturas a que trabaja. Ver su ubicación de acuerdo con la Reglamentación de Aparatos de Baja Tensión.

Sistemas de Producción Centralizada

Requieren una sala de calderas (generador de calor) que origine un agua sobrecalentada entre 70 y 90°C que circula por un circuito cuya finalidad es calentar la conducción de agua de consumo.

⇒ **Circuito Primario**: Alimentado por la caldera, cerrado y que oscila entre 70 y 90°C, dispone de bombas de impulsión, depósito de expansión, By-pass a la entrada del Preparador, y termostato derivador para no entrar al preparador si este está aún a la temperatura apropiada.

⇒ **Circuito Secundario**: Con acometida desde el circuito de AF, Preparador, Puntos de consumo y circuito de retorno.

Sistema Centralizado Instantáneo El Preparador se denomina INTERCAMBIADOR

Sistema por Acumulación El Preparador se llama INTERACUMULADOR (Normal en edificios de viviendas).

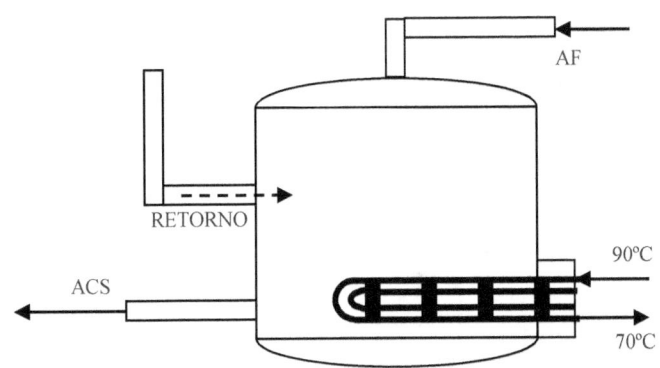

Sistema Mixto

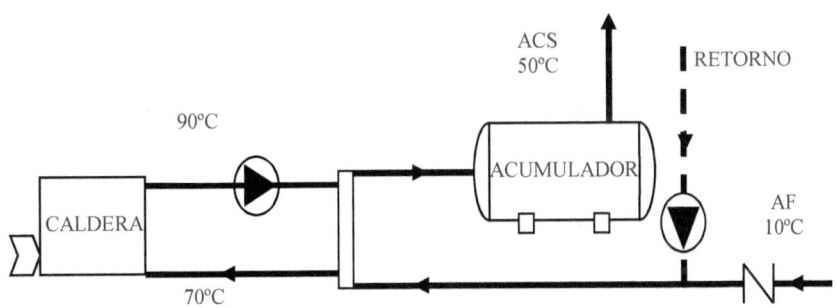

Temperaturas

❑ Depósito Acumulación: Mínimo de 55°C

❑ Circulación en tuberías: 50°C (RITE)

❑ Consumo: 40°C

La Regulación de Temperaturas

El RITE obliga a la regulación de temperaturas en sistemas centralizados. Atención a la Bacteria culpable de la Legionela actúa entre 20-40ºC, por tanto AF<20º y ACS>40ºC.

Regulación de Temperaturas en circuito primario

Dispone de Depósito de expansión en la caldera; aislante térmico en circuito primario; válvula de tres vías conectada a un Termostato que controla los *50ºC del depósito*, si desciende deja pasar el agua al intercambiador.

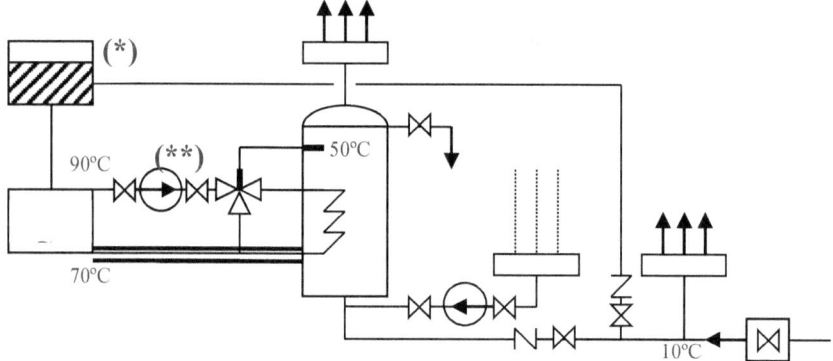

(*) **El depósito de expansión** de la caldera contiene tres elementos: aire, membrana y agua. Puede ser cerrado (se encuentra junto a la caldera) o abierto (en contacto con la atmósfera, con conducción hasta cubierta).

(**) La Bomba del circuito primario sirve para mantener las temperaturas.

Regulación de Temperaturas en Circuito Secundario

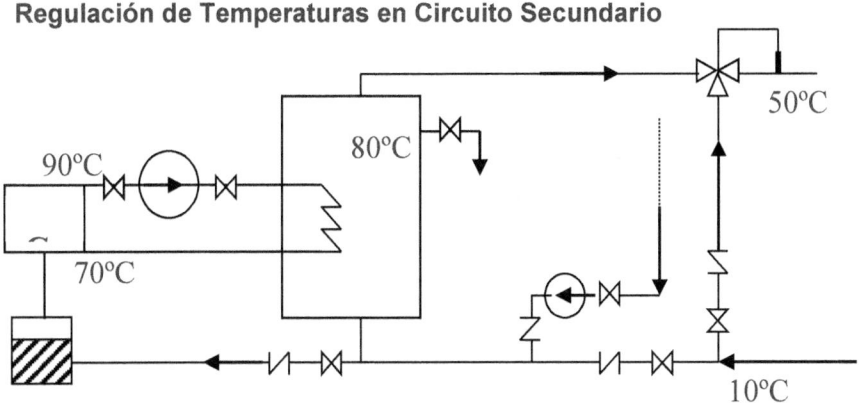

Ventajas e inconvenientes de este último sistema:

⇒ Con regulación en Secundario no ocupa espacio en sala de calderas.

⇒ Con regulación en Secundario no necesita un depósito de regulación grande.

⇒ Con regulación en Secundario mayores problemas de cal y corrosión.

⇒ Con regulación en Secundario peor respuesta instantánea, pues en momentos punta existen saltos térmicos mayores.

Caldera Mixta

Sistema Individual

⇒ Prioritario el uso de ACS sobre la calefacción.

⇒ Bomba de agua para la Calefacción.

⇒ Regulador de Temperatura en calefacción

⇒ Vaso de expansión en calefacción

⇒ Existe otro modelo que se observa a continuación.

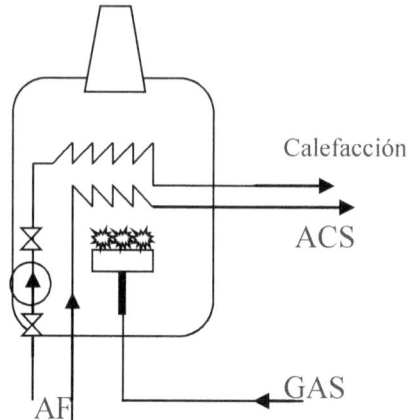

Calefacción

ACS

GAS

AF

Esquema exterior de caldera mixta individual

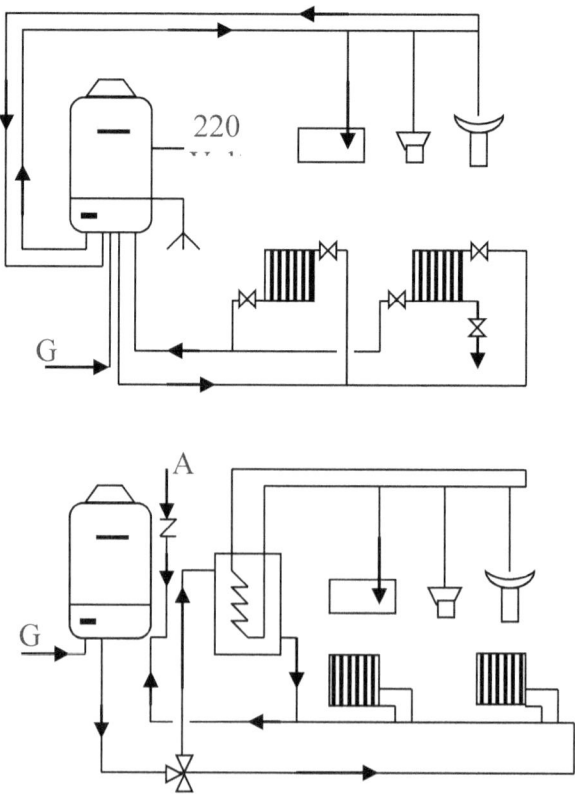

Esquema de producción de agua caliente sanitaria centralizada

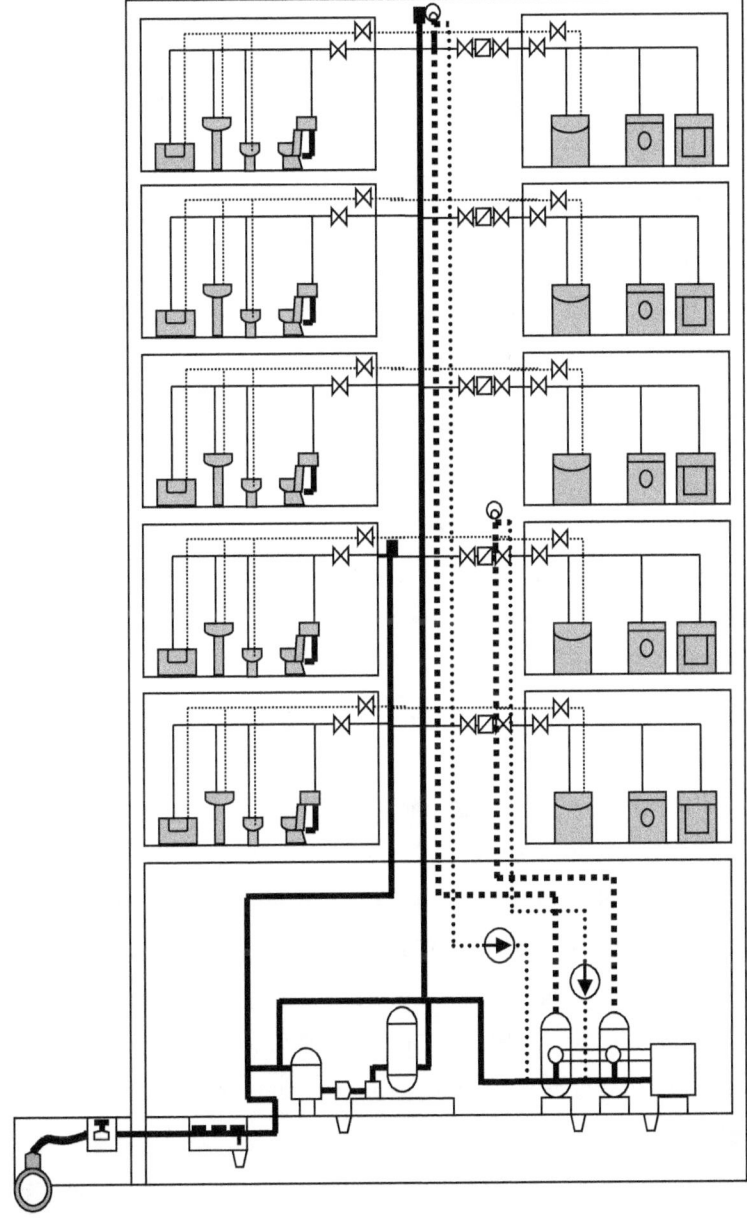

Sistema Centralizado

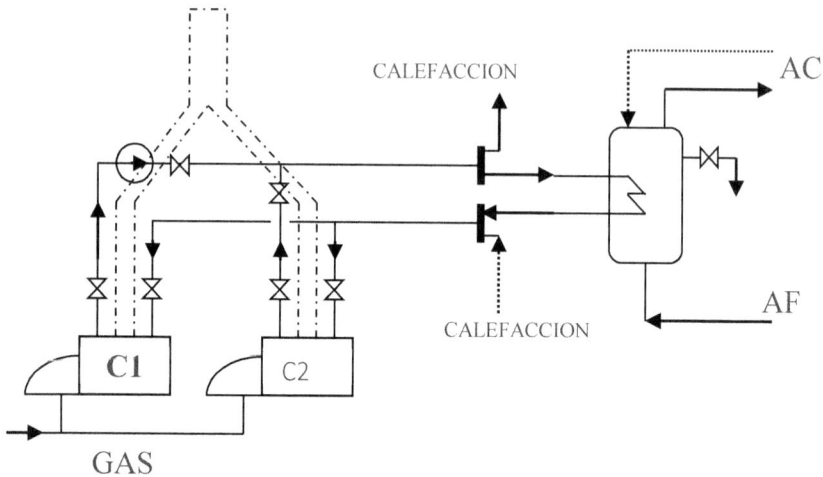

Generalidades sobre el Agua Caliente Sanitaria

♦ Los MONTANTES no deben servir a más de 10 plantas

♦ En su arranque los montantes deberán llevar LLAVES DE VACIADO.

♦ En la parte final de cada montante se deberá introducir un PURGADOR.

♦ La TOMA DE AGUA FRIA para confeccionar ACS se deberá realizar tras el Grupo de Presión.

♦ Existe la obligatoriedad de establecer una RED DE RETORNO en las instalaciones Centralizadas.

♦ Debe seguir imperando la norma de los 4 cms como DISTANCIA MINIMA ENTRE TUBERÍAS de ACS y AF.

♦ Se deberá tener en cuenta la separación respecto a los CUADROS ELECTRICOS.

♦ Las PENDIENTES hacia purgadores y/o llaves de vaciado han de ser del 0'2%.

- Deberán colocarse DILATADORES en tramos generales a no menos de 25 mts.

- La DISTANCIA MAXIMA en instalaciones de gas individuales a los puntos de consumo no deberá superar los 12 mts.

- Se deberán AISLAR los tramos de tubería que instalados en locales no calefactados.

- El grosor de los AISLANTES dependen del diámetro de las tuberías.

- Los ACUMULADORES deberán disponer de aislantes en la producción centralizada.

- La Temperatura mínima de ACUMULACION será de 55ºC.

- La Temperatura mínima de DISTRIBUCION será de 50ºC.

- En el lugar de arranque de la conducción de ACS deberá colocarse una VALVULA ANTIRRETORNO.

- Se deberá tener en cuenta lo dispuesto en los reglamentos de Gas y Electricidad para la instalación de los TERMOS eléctricos individuales y para los calentadores individuales de GAS.

- El RIGLO regula las distancias mínimas de los aparatos de cocina con los aparatos individuales de calefacción a gas.

- Deberán colocarse REJILLAS en los cuartos donde haya calentadores de gas, tanto individuales como centralizados.

- En el tema de CORROSION y de DEPOSITOS DE CAL valen las mismas recomendaciones que en AF (Descalcificadores y Ánodos de sacrificio).

- Se mantiene la necesidad de colocación de PASATUBOS sellados para atravesar los forjados y muros.

- Se deben de colocar LLAVES DE PASO en cuartos húmedos, entradas a vivienda y en torno a los dispositivos.

- Los CONTADORES deben centralizarse por planta, en el exterior de las viviendas.

- Se deberá buscar la instalación MAS CORTA desde el acumulador a cada punto de consumo.
- Se mantiene la recomendación de HOMOGENEIDAD en los materiales.

Componentes de la Instalación de ACS

- Tuberías de Cobre preferentemente
  - ✓ Distribuidores (Horizontales hasta montantes)
  - ✓ Montantes (Verticales)
  - ✓ Derivaciones (Horizontales tras los montantes)
  - ✓ Retorno (vuelta al acumulador)
- Accesorios (sirven los de AF)
- Generadores de calor
- Preparadores
- Contadores
- Válvulas y llaves
- Circuladores (Bombas)
- Grifería y aparatos
- Reguladores de Temperatura

Dimensionado

Conceptos Fundamentales

Potencia Térmica

⇒ Se expresa en Kcal/h., y se define como la potencia calorífica que transporta un fluido.

⇒ Para su cálculo se emplea la siguiente relación: $P = \varrho.Ce.Q.\Delta t$ siendo ϱ: densidad del fluido (en Kg/l), Ce: Calor específico (en Kcal/kg°C), Q: Caudal del fluido (en l/h), Δt: Salto térmico (en °C). En el caso del agua la relación queda como sigue: $P = Q.\Delta t$

Ejemplo: ¿Qué potencia deberá tener una caldera para calentar un caudal de 4000 l/h, con una variación de temperatura de entre 80 y 70 ºC?

$$P = Q. \Delta t = 4000. 10 = 40000 \ Kcal/h$$

Cantidad de Calor

Cantidad de Calor de un fluido (según su volumen) es el número de Kcal conseguido para elevar la temperatura de un determinado volumen una cierta cantidad de grados. Se expresa según la fórmula:

$C = \rho.Ce.V.\Delta t$, que en el caso del agua queda como sigue:

$$C = V. \Delta t$$

Ejemplo: ¿Qué cantidad de calor se deberá aportar a un acumulador para conseguir que caliente 500 litros de agua desde 10 a 55ºC?

$$C = V.\Delta t = 500 . 45 = 22500 \ Kcal$$

Mezcla de Agua

Sean los depósitos 1 y 2 con volúmenes diferentes y con temperaturas diferentes, ¿cuál será el Volumen mezcla y la temperatura mezcla del conjunto?

$$C = V.t = V_1 t_1 + V_2 t_2, \text{ siendo } V = V_1 + V_2, \text{ por tanto: } V_1 t_1 + V_2 t_2,$$
$$t = V$$

Volumen equivalente

Conociendo que un cierto volumen V_1 se encuentra a la temperatura t_1, cuál deberá ser el volumen de agua equivalente para que se encuentre a la temperatura t_2, teniendo en cuenta que se realizará por mezcla con AF a temperatura t_0?

$$V_1 (t_1 - t_0) = V_2 (t_2 - t_0)$$

INTERCAMBIADORES DE CALOR. RADIADORES

Intercambiadores de Calor

El desarrollo de los intercambiadores es variado y de una amplia gama de tamaños y tecnología como plantas de potencia de vapor, plantas de procesamiento químico, calefacción y acondicionamiento de aire de edificios, refrigeradores domésticos, radiadores de automóviles, radiadores de vehículos especiales, etc. En los tipos comunes, tales como intercambiadores de coraza y tubos y los radiadores de automóvil, la transferencia de calor se realiza fundamentalmente por conducción y convección desde un fluido caliente a otro frío que está separado por una pared metálica. En las calderas y los condensadores, es de fundamental importancia la transferencia de calor por ebullición y condensación. En ciertos tipos de intercambiadores de calor, como las torres de enfriamiento, el flujo caliente (es decir, el agua) se enfría mezclándola directamente con el fluido frío (es decir, el aire) o sea que el agua se enfría por convección y vaporización al pulverizarla o dejarla caer en una corriente (o tiro) inducida de aire. En los radiadores de las aplicaciones especiales, el calor sobrante, transportado por el líquido refrigerante, es transmitido por convección y conducción a la superficie de las aletas y de allí por radiación térmica al vacío. En consecuencia el diseño térmico de los intercambiadores es un área en donde tienen numerosas aplicaciones los principios de transferencia de calor. El diseño real de un intercambiador de calor es un problema mucho más complicado que el análisis de la transferencia de calor porque en la selección del diseño final juegan un papel muy importante los costos, el peso, el tamaño y las condiciones económicas. Así por ejemplo, aunque las consideraciones de costos son muy importantes en instalaciones grandes, tales como plantas de fuerza y plantas de proceso químico las consideraciones de peso y de tamaño constituyen el factor predominante en la selección del diseño en el caso de aplicaciones especiales y aeronáuticas. Por lo tanto en este trabajo es importante hacer un tratamiento completo del diseño de intercambiadores de calor. Para la clasificación de los intercambiadores de calor tenemos tres categorías importantes:

Regeneradores

Los regeneradores son intercambiadores en donde un fluido caliente fluye a través del mismo espacio seguido de uno frío en forma alternada, con tan poca mezcla física como sea posible entre las dos corrientes.

La superficie, que alternativamente recibe y luego libera la energía térmica, es muy importante en este dispositivo. Las propiedades del material superficial, junto con las propiedades de flujo y del fluido de las corrientes fluidas, y con la geometría del sistema, son cantidades que deben conocer para analizar o diseñar los regeneradores.

Intercambiadores de tipo abierto

Como su nombre lo indica, los intercambiadores de calor de tipo abierto son dispositivos en los que las corrientes de fluido de entrada fluyen hacia una cámara abierta, y ocurre una mezcla física completa de las corrientes. Las corrientes caliente y fría que entran por separado a este intercambiador salen mezcladas en una sola. El análisis de los intercambiadores de tipo abierto involucra la ley de la conservación de la masa y la primera ley de la termodinámica; no se necesitan ecuaciones de relación para el análisis o diseño de este tipo de intercambiador.

Intercambiadores de tipo cerrado, o recuperadores

Los intercambiadores de tipo cerrado son aquellos en los cuales ocurre transferencia de calor entre dos corrientes fluidas que no se mezclan o que no tienen contacto entre sí. Las corrientes de fluido que están involucradas en esa forma están separadas entre sí por una pared de tubo, o por cualquier otra superficie que por estar involucrada en el camino de la transferencia de calor. En consecuencia, la transferencia de calor ocurre por la convección desde el fluido más cliente a la superficie sólida, por conducción a través del sólido y de ahí por convección desde la superficie sólida al fluido más frío.

Tipos de intercambiadores

Los intercambiadores de calor se pueden clasificar basándose en: clasificación por la distribución de flujo. Tenemos cuatro tipos de configuraciones más comunes en la trayectoria del flujo.

En la *distribución de flujo en paralelo*, los fluidos caliente y frío, entran por el mismo extremo del intercambiador, fluyen a través de él en la misma dirección y salen por el otro extremo.

En la *distribución en contracorriente*, los fluidos caliente y frío entran por los extremos opuestos del intercambiador y fluyen en direcciones opuestas.

En la *distribución en flujo cruzado de un solo paso*, un fluido se desplaza dentro del intercambiador perpendicularmente a la trayectoria del otro fluido.

En la *distribución en flujo cruzado de paso múltiple*, un fluido se desplaza transversalmente en forma alternativa con respecto a la otra corriente de fluido.

Clasificación según su aplicación. Para caracterizar los intercambiadores de calor basándose en su aplicación se utilizan en general términos especiales. Los términos empleados para los principales tipos son:

Calderas: Las calderas de vapor son unas de las primeras aplicaciones de los intercambiadores de calor. Con frecuencia se emplea el término generador de vapor para referirse a las calderas en las que la fuente de calor es una corriente de un flujo caliente en vez de los productos de la combustión a temperatura elevada.

Condensadores: Los condensadores se utilizan en aplicaciones tan variadas como plantas de fuerza de vapor, plantas de proceso químico y plantas eléctricas nucleares para vehículos espaciales. Los tipos principales son los condensadores de superficie, los condensadores de chorro y los condensadores evaporativos.
El tipo más común es el condensador de superficie que tiene la ventaja de que el condensado sé recircula a la caldera por medio del sistema de alimentación.

Intercambiadores de calor de coraza y tubos: Las unidades conocidas con este nombre están compuestas en esencia por tubos de sección circular montados dentro de una coraza cilíndrica con sus ejes paralelos al aire de la coraza. Los intercambiadores de calor líquido-líquido pertenecen en general a este grupo y también en algunos casos los intercambiadores gas-gas. Son muy adecuados en las aplicaciones en las cuales la relación entre los coeficientes de transferencia de calor de las dos superficies o lados opuestos es generalmente del orden de 3 a 4 y los valores absolutos son en general menores que los correspondientes a los intercambiadores de calor líquido-líquido en un factor de 10 a 100, por lo tanto se requiere un volumen mucho mayor para transferir la misma cantidad de calor. Existen muchas variedades de este tipo de intercambiador; las diferencias dependen de la distribución de configuración de flujo y de los aspectos específicos de construcción. La configuración más común de flujo de intercambiadores líquido-líquido de coraza y tubos. Un factor muy importante para determinar el número de pasos del flujo por el lado de los tubos es la caída de presión permisible. El haz de tubos está provisto de deflectores para producir de este modo una distribución uniforme del flujo a través de él.

Torres de enfriamiento: Las torres de enfriamiento se han utilizado ampliamente para desechar en la atmósfera el calor proveniente de procesos industriales en vez de hacerlo en el agua de un río, un lago o en el océano. Los tipos más comunes son las torres de enfriamiento por convección natural y por convección forzada. En la torre de enfriamiento por convección natural el agua se pulveriza directamente en la corriente de aire que se mueve a través de la torre de enfriamiento por convección térmica. Al caer, las gotas de agua se enfrían tanto por convección ordinaria como por evaporación. La plataforma de relleno situada dentro de la torre de enfriamiento reduce la velocidad media de caída de las gotas y por lo tanto aumenta el tiempo de exposición de gotas a la corriente de aire en la torre. Se han construido grandes torres de enfriamiento del tipo de convección natural de más de 90 m de altura para desechar el calor proveniente de plantas de fuerza. En una torre de enfriamiento por convección forzada se pulveriza el agua en una corriente de aire producida por un ventilador, el cual lo hace circular a través de la torre. El ventilador puede estar montado en la parte superior de la torre aspirando así el aire hacia arriba, o puede estar en la base por fuerza de la torre obligando al aire a que fluya directamente hacia dentro.

Intercambiadores compactos de calor: La importancia relativa de criterios tales como potencia de bombeo, costo, peso y tamaño de un intercambiador de calor varía mucho de una instalación a otra, por lo tanto no es siempre posible generalizar tales criterios con respecto a la clase de aplicación. Cuando los intercambiadores se van a emplear en la aviación, en la marina o en vehículos aeroespaciales, las consideraciones de peso y tamaño son muy importantes. Con el fin de aumentar el rendimiento del intercambiador se fijan aletas a la superficie de menor coeficiente de transferencia de calor. Las dimensiones de la matriz del intercambiador así como el tipo, tamaño y dimensiones apropiadas de las aletas varían con la aplicación específica. Se han diseñado varios tipos que se han utilizado en numerosas aplicaciones.

Radiadores para plantas de fuerza espaciales: La remoción del calor sobrante en el condensador de una planta de fuerza que produce la electricidad para la propulsión, el comando y el equipo de comunicaciones de un vehículo espacial presenta problemas serios aún en plantas que generan sólo unos pocos kilovatios de electricidad.

La única forma de disipar el calor sobrante de un vehículo espacial es mediante la radiación térmica aprovechando la relación de la cuarta potencia entre la temperatura absoluta de la superficie y el flujo de calor radiante. Por eso en la operación de algunas plantas de fuerza de vehículos espaciales el ciclo termodinámico se realiza a temperaturas tan altas que el radiador permanece al rojo. Aun así es difícil de mantener el tamaño del radiador para vehículos espaciales dentro de valores razonables.

Regeneradores: En los diversos tipos de intercambiadores que hemos discutido hasta el momento, los fluidos frío y caliente están separados por una pared sólida, en tanto que un regenerador es un intercambiador en el cual se aplica un tipo de flujo periódico. Es decir, el mismo espacio es ocupado alternativamente por los gases calientes y fríos entre los cuales se intercambia el calor. En general los regeneradores se emplean para recalentar el aire de las plantas de fuerza de vapor, de los hornos de hogar abierto, de los hornos de fundición o de los altos hornos y además en muchas otras aplicaciones que incluyen la producción de oxígeno y la separación de gases a muy bajas temperaturas. Para los intercambiadores estacionarios convencionales basta con definir las temperaturas de entrada y salida, las tasas de flujo, los coeficientes de transferencia de calor de los dos fluidos y las áreas superficiales de los dos lados del intercambiador. Pero para los intercambiadores rotatorios es necesario relacionar la capacidad térmica del rotor con la de las corrientes de los fluidos, las tasas de flujo y la velocidad de rotación.

Efectividad de un intercambiador

La efectividad de transferencia de calor se define como la razón de la transferencia de calor lograda en un intercambiador de calor a la máxima transferencia posible, si se dispusiera de área infinita de transferencia de calor. A la mayor razón de capacidad se le designa mediante C y a la menor capacidad mediante c. En el caso del contra flujo, es aparente que conforme se aumenta el área del intercambiador de calor, la temperatura de salida del fluido mismo se aproxima a la temperatura de entrada del fluido máximo en el límite conforme el área se aproxima al infinito. En el caso del flujo paralelo, un área infinita solo significa que la temperatura de ambos fluidos sería la lograda si se permitiera que ambos se mezclaran libremente en un intercambiador de tipo abierto.

Para dichos cálculos se encuentran expresiones aritméticas que expresan la transferencia de calor lograda, por diferentes tipos de intercambiadores de calor.

Economizadores en calderas

Los economizadores se instalan en el flujo de gas de escape de la caldera; toman calor de los gases del tiro y lo transfieren por medio de elementos de superficie extendida al agua de alimentación inmediatamente antes de la entrada a la caldera. Por tanto, los economizadores aumentan la eficiencia de la caldera y tienen la ventaja adicional de reducir el choque térmico. En las calderas de tubo de agua los economizadores pueden incorporarse en la estructura de la caldera o suministrarse como unidad independiente. En las calderas de casco son unidades discretas instaladas entre la salida del gas de tiro de la caldera y la chimenea. La figura siguiente es un diagrama de una unidad de este tipo. Se pueden usar economizadores para calderas de corriente tanto forzada como inducida y en ambos casos debe tenerse en cuenta la caída de presión por el economizador al determinar el tamaño de los ventiladores.

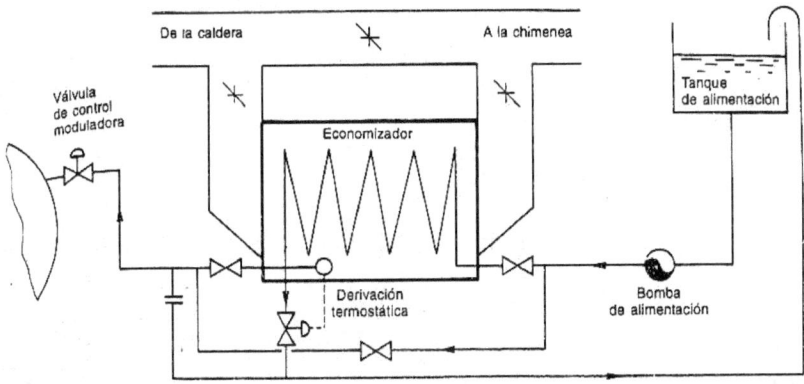

En las calderas de tubo de agua pueden usarse economizadores si se quema carbón, aceite o gas. El material para el economizador dependerá del combustible; puede ser totalmente de acero, totalmente de hierro colado o de acero protegido con hierro colado. Se usaría una construcción de puro acero con gases no corrosivos prevenientes de la combustión de gas natural, aceite ligero y carbón. Se puede usar hierro colado si la condición del agua de alimentación es incierta y cabe la posibilidad de que ataque el barreno del tubo. Los combustibles pueden ser aceite combustible pesado o carbón, y existe la posibilidad de que las temperaturas del metal caigan por debajo del punto de rocío ácido.

Se usa acero protegido con hierro colado cuando se requiere quemar aceite, combustible pesado o combustible sólido y las condiciones del agua de alimentación están debidamente controladas. Dado que el hierro colado puede resistir cierto grado de ataque ácido, estas unidades tienen la ventaja de poder operar sin una derivación de gas en los casos de que se usan suministros interruptibles de gas natural con aceite como respaldo. Si se instala un economizador, es indispensable tener agua pasando por la unidad en todo momento mientras los quemadores están operando, a fin de evitar la ebullición. Por tanto, las calderas provistas de economizadores cuentan con un control modulador del agua de almacenamiento. Aun así cabe la posibilidad de que las necesidades de flujo de agua no estén en fase con el régimen de operación de los quemadores. A fin de evitar daños, una válvula controlada por temperatura permite verter agua de vuelta en el tanque de alimentación, manteniendo así un flujo de agua a través de la unidad. Todo economizador debe contar con una válvula de seguridad para aliviar la presión.

Supercalentadores

El vapor de agua producido por una caldera se califica como seco saturado y su temperatura corresponde a la presión de trabajo de la caldera. En algunos casos, sobre todo en las calderas de casco, esto es perfectamente aceptable. Sin embargo, hay ocasiones en las que es deseable aumentar la temperatura del vapor sin aumentar la presión. Esta es la función del supercalentador.

Radiadores

Un radiador es un intercambiador de calor, un elemento físico, sin partes móviles ni llamas, destinado al aporte de calor de algún elemento o estancia. Cuando el elemento tiene la función contraria se denomina disipador. La emisión (o disipación) de calor de un radiador, depende de la diferencia de temperatura entre su superficie y el ambiente que lo rodea y de la cantidad de superficie en contacto con ese ambiente. A mayor superficie de intercambio y mayor diferencia de temperatura, mayor es el intercambio. La diferencia entre un radiador y una estufa es que en el radiador no hay combustión directa, viniendo el aporte de calor del exterior por una red de tuberías de agua calentada en una caldera situada en otro lugar. A menudo se llama radiador a un aparato que se calienta por una resistencia eléctrica, pero de acuerdo con la definición anterior, esto sería una estufa, pues produce su propio calor. En este caso no hay emisión de gases u otras sustancias, al menos en el lugar donde se consume la energía, pero sí puede haberla, e importante, en el lugar de producción de la energía eléctrica. Un radiador necesita un mantenimiento consistente en un purgado periódico, por el cual se elimina el aire que haya entrado en las cañerías impidiendo la entrada de agua caliente a los elementos que conforman el radiador. Aparte del purgador, un radiador tiene que tener una llave de paso, una toma de entrada para agua caliente y otra toma de salida para agua fría con otra llave que sirve para el equilibrado hidráulico y para desmontar el radiador, que se llama detentor. Cuando a un radiador se le añade un ventilador para acelerar su acción, se denomina calefactor.

Tipos de radiadores

Según su forma se pueden encontrar fundamentalmente tres tipos de radiadores, aunque cualquiera de ellos cumplirá con la función para la que fueron creados, calentar.

Los más habituales, sobre todo en casas antiguas, son los radiadores compuestos por diferentes módulos o elementos de acero. Los más antiguos se fabricaban en acero fundido. Su diseño puede recordar al de un acordeón y pueden tener diferentes medidas debido a su diseño modular, que permite añadir más elementos fácilmente. No obstante los instaladores de calefacciones ya calculan de antemano el número de elementos que va a necesitar una determinada estancia, en función de su orientación, si las habitaciones colindantes van a estar también calefactadas o dan al exterior, entre otros muchos factores. En la actualidad se fabrican en acero, un material mucho más ligero y con un mejor coeficiente de transmisión del calor que el hierro. Los que más se utilizan actualmente son los radiadores compuestos por paneles. Estos paneles están huecos y tras ellos circula el agua caliente y aceite interno. Por último, los radiadores de frente liso están sumamente indicados para personas alérgicas, porque al no llevar aletas de convección en su diseño no retienen el polvo en sus acanaladuras.

Radiadores de aceite o termofluidos

Los radiadores generalmente son de aceite o termofluidos que se calienta en el interior del aparato a través de una resistencia de acero, cuya ventaja radica en que irradia calor incluso luego de apagado pues el líquido conserva por bastante tiempo (incluso horas), el calor recibido por la resistencia. Otra ventaja de los radiadores es su seguridad, dado que los compartimentos contenedores se realizan en acero blindado y el aceite no genera presión como otros líquidos. Otro de los tipos de radiadores pero que ha entrado en desuso es el de cuarzo consistente en tubos de vidrio que producen mucho calor es escasísimo tiempo y tiene la ventaja de un simple enchufe como conexión. La calefacción directa es rápida, confiable y económica siempre que se trate de calefaccionar pequeños lugares o como complemento de otros sistemas;

en espacios de grandes dimensiones o en zonas de temperaturas extremadamente bajas los convectores y los radiadores se tornan ineficientes. Los modelos actuales vienen con dispositivos de seguridad que permiten su utilización sin riesgos en lugares impensados como el baño o el lavadero, debido a mecanismos aislantes y anti salpicaduras. La falta de necesidad de realizar obras para su instalación, el bajo coste de la energía eléctrica, el bajo consumo de estos aparatos y la seguridad que brindan, los tornan ideales para lograr un buen confort con bajo presupuesto.

Funcionamiento

Las calefacciones trabajan con pequeñas secciones de tubo y con una bomba de circulación. El agua caliente es impulsada por los tubos hacia los radiadores. Una vez en ellos, circula entre los elementos pasando por el termostato y de acuerdo a la regulación de éste irá tomando la temperatura especificada.

Purgar un radiador

¿Qué es purgar un radiador? Un radiador se purga para eliminar el aire que posee en su interior. Cuando el aire se elimina, el nivel de agua sube y el radiador vuelve a funcionar perfectamente.

¿Por qué tiene aire? El paso del tiempo y otras circunstancias (averías, por ejemplo) provocan que el radiador pierda agua, hasta llegar a un punto en el que el recipiente de compensación no puede equilibrar dichas pérdidas. Esto provoca que se formen bolsas de aire en el radiador o en las zonas más altas del circuito que interrumpen la circulación del agua, con el consiguiente mal funcionamiento del radiador o el insistente sonido del agua al caer.

Ajustar las tuercas. De nada sirve purgar un radiador si uno no se asegura de que éste ya no pierde agua. Por esta razón, lo primero que has de hacer es apretar las tuercas. La mayoría de las fugas se producen en la entrada del radiador. Es conveniente apretar la tuerca de unión.

También puede perder agua por la conexión de salida de la parte inferior del radiador. Aprieta la rosca también en este caso.

¿Cómo se purga? Antes de comenzar a purgar el radiador, conviene que pongas un trapo debajo para proteger el suelo. A continuación, el proceso es tan sencillo como abrir la válvula del radiador con una llave de cuatro lados, mantenerla abierta hasta que salga agua (es posible que al principio salga sucia) y, por último, cerrarla. Los purgadores automáticos eliminan por sí solos el aire del radiador.

Herramientas. Para realizar el trabajo citado, tan solo necesitas una llave de tubo de cuatro lados o, en el caso de que las tuercas de cuatro lados estén dañadas, unos alicates, una llave inglesa y una de boca del tamaño preciso.

Sinopsis de Instalaciones de agua Caliente Sanitaria

INSTALACIONES DE FONTANERÍA	AGUA CALIENTE SANITARIA

* Clasificación Sistemas de Producción ACS

INSTALACIONES DE ACS DE PRODUCCIÓN LOCAL

Tipos de Productores locales de ACS

- Calentador instantáneo de agua a gas
- Calentador acumulador de agua a gas
- Calentador acumulador de agua eléctrico
- Calderas mixtas de calefacción y ACS
- Acumuladores, Intercambiadores y Boilers
- Colectores solares

INSTALACIONES DE ACS DE PRODUCCIÓN Y DISTRIBUCIÓN CENTRALIZADA

Tipos de Productoresde ACS centralizada

- Calderas de combustibles líquidos
- Calderas de combustibles gaseosos
- Calderas de combustibles sólidos
- Calderas eléctricas
- Bombas de calor

Clasesde Distribución centralizada de ACS

- Distribución simple o por circuito abierto
- Distribución por circuito cerrado

* Sistemas de producción

Esquema de producción individual en circuito abierto

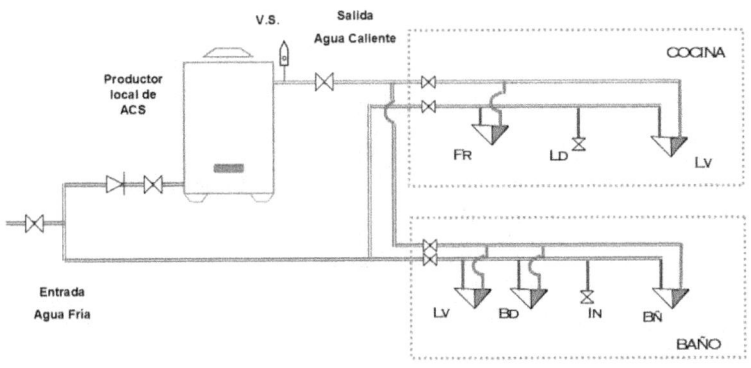

* Sistemas de producción

Esquema de producción centralizada en circuito cerrado

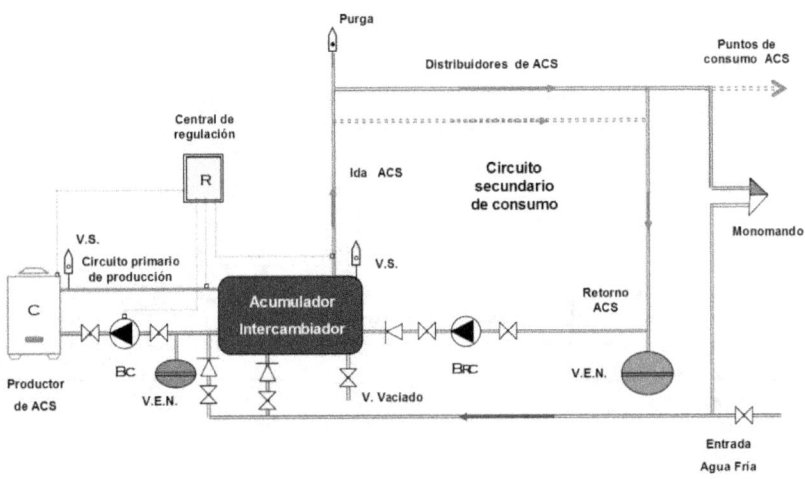

* Distribuciones de Sistemas de producción individual

Esquema de distribución individual con producción de ACS por Calentador Acumulador Eléctrico

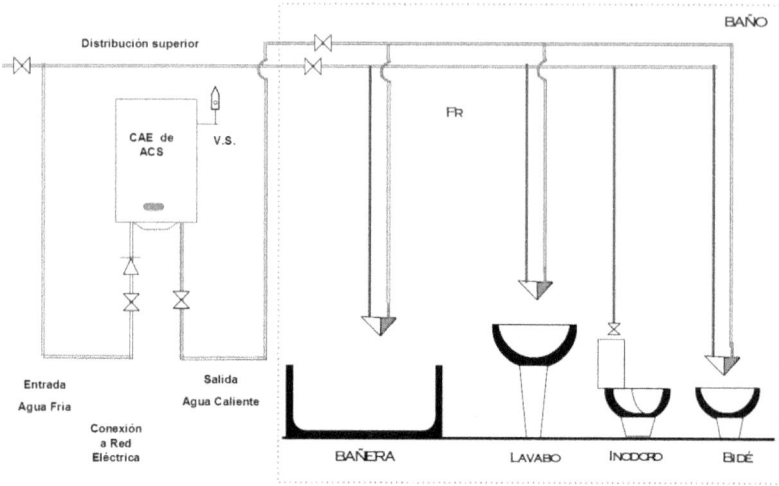

* Distribuciones en Sistemas de producción individual

Esquema de distribución individual con producción de ACS por Calentador Instantáneo de Agua a Gas

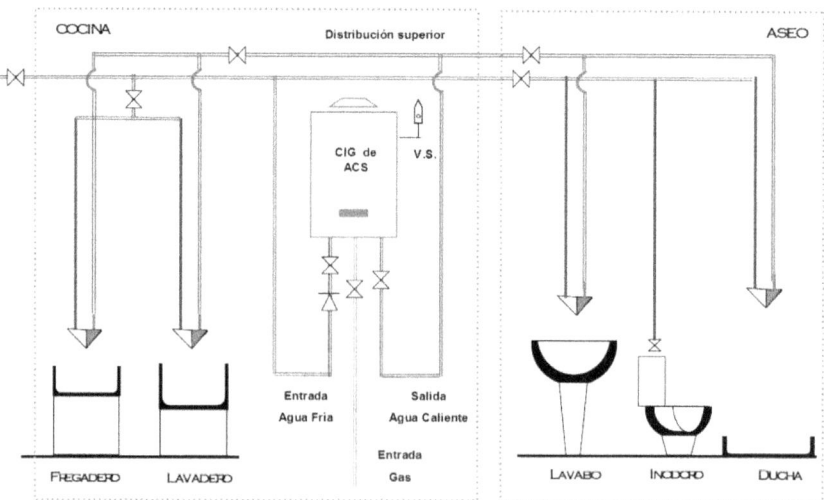

* **Distribuciones en Sistemas de producción individual**

Esquema de distribución individual con producción de ACS por acumulación, por medio de Colectores Solares

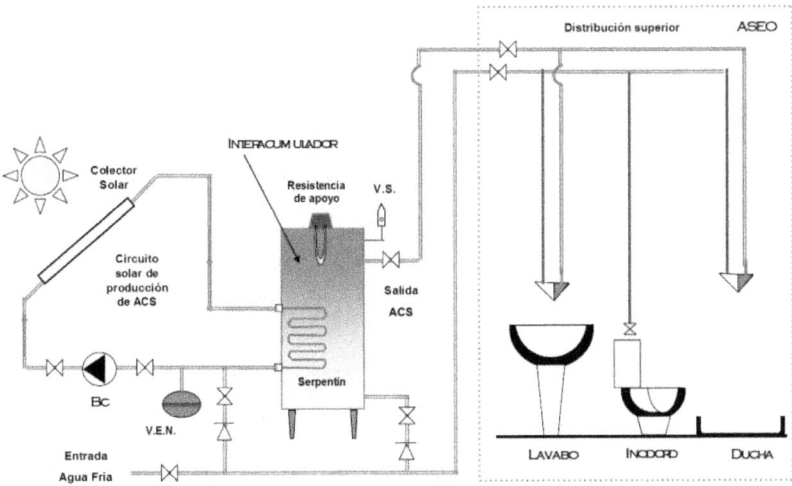

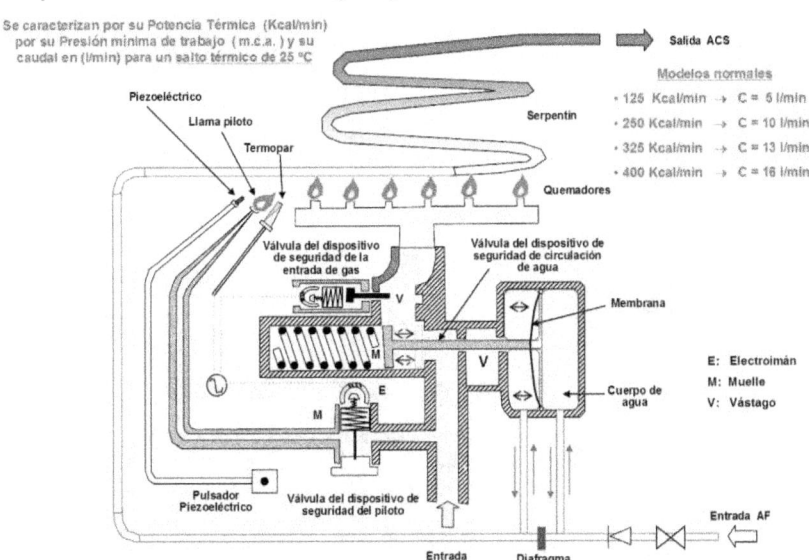

Se caracterizan por su Potencia Térmica (Kcal/min)
por su Presión mínima de trabajo (m.c.a.) y su
caudal en (l/min) para un salto térmico de 25 °C

Salida ACS

Modelos normales

- 125 Kcal/min → C = 5 l/min
- 250 Kcal/min → C = 10 l/min
- 325 Kcal/min → C = 13 l/min
- 400 Kcal/min → C = 16 l/min

E: Electroimán
M: Muelle
V: Vástago

* **Esquema calentador acumulador de agua a gas**

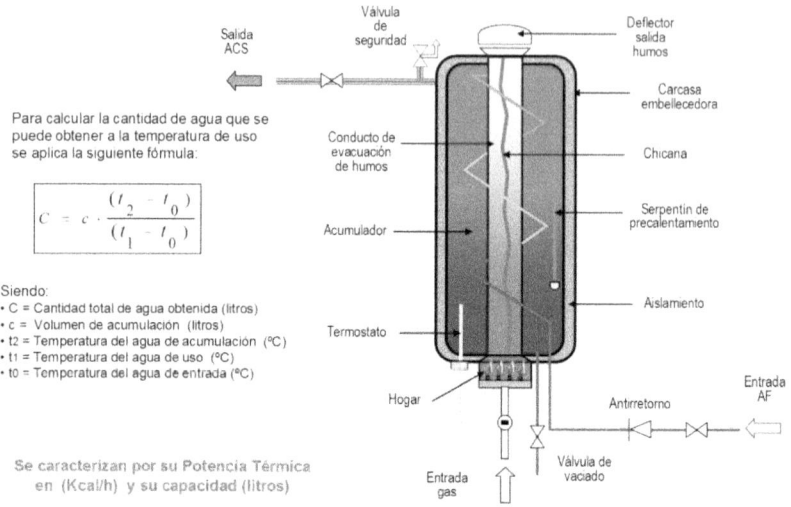

Para calcular la cantidad de agua que se puede obtener a la temperatura de uso se aplica la siguiente fórmula:

$$C = c \cdot \frac{(t_2 - t_0)}{(t_1 - t_0)}$$

Siendo:
- C = Cantidad total de agua obtenida (litros)
- c = Volumen de acumulación (litros)
- t2 = Temperatura del agua de acumulación (°C)
- t1 = Temperatura del agua de uso (°C)
- t0 = Temperatura del agua de entrada (°C)

Se caracterizan por su Potencia Térmica en (Kcal/h) y su capacidad (litros)

* **Intercambiadores**

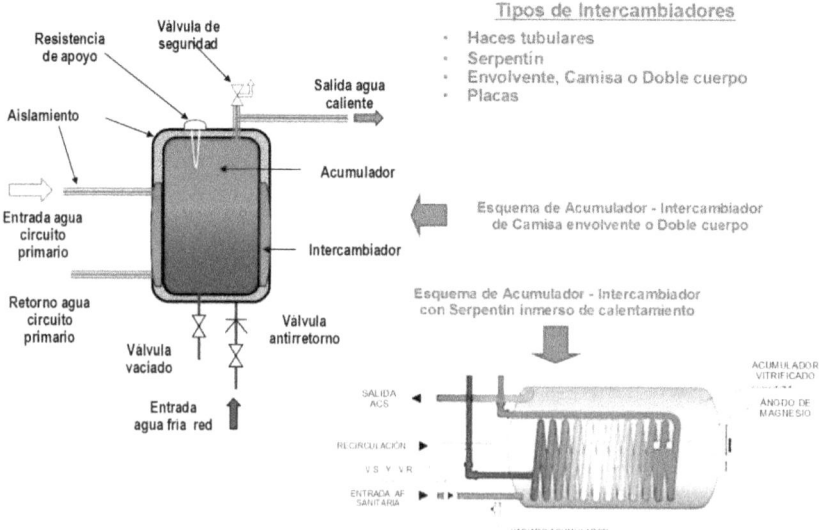

Tipos de Intercambiadores
- Haces tubulares
- Serpentín
- Envolvente, Camisa o Doble cuerpo
- Placas

Esquema de Acumulador - Intercambiador de Camisa envolvente o Doble cuerpo

Esquema de Acumulador - Intercambiador con Serpentín inmerso de calentamiento

Planos de Instalación de Agua Caliente Sanitaria y aplicaciones

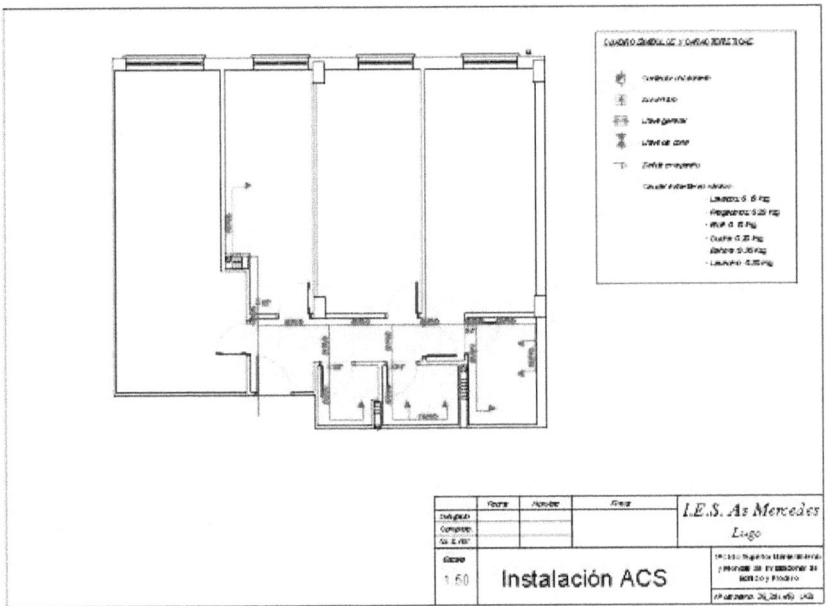

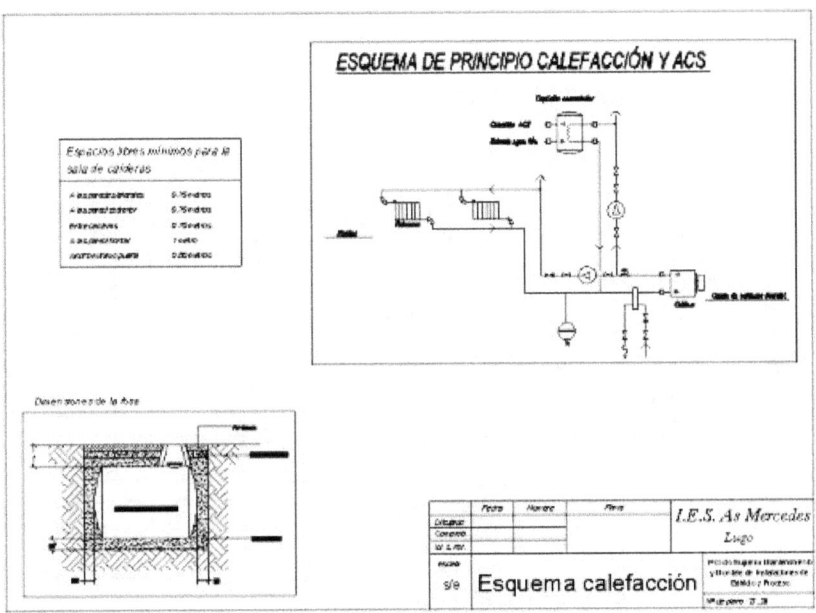

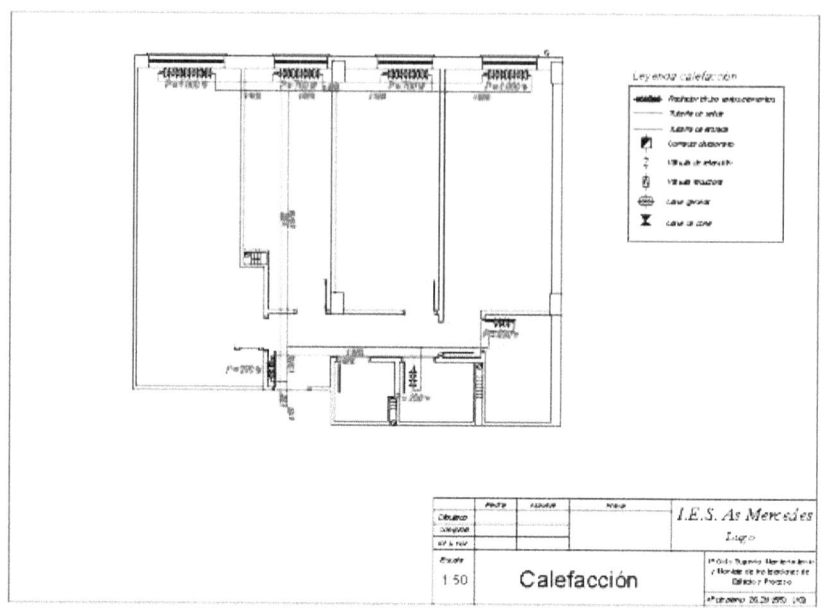

Instalación de calefacción y de A.C.S. con una caldera a condensación y de suelo radiante

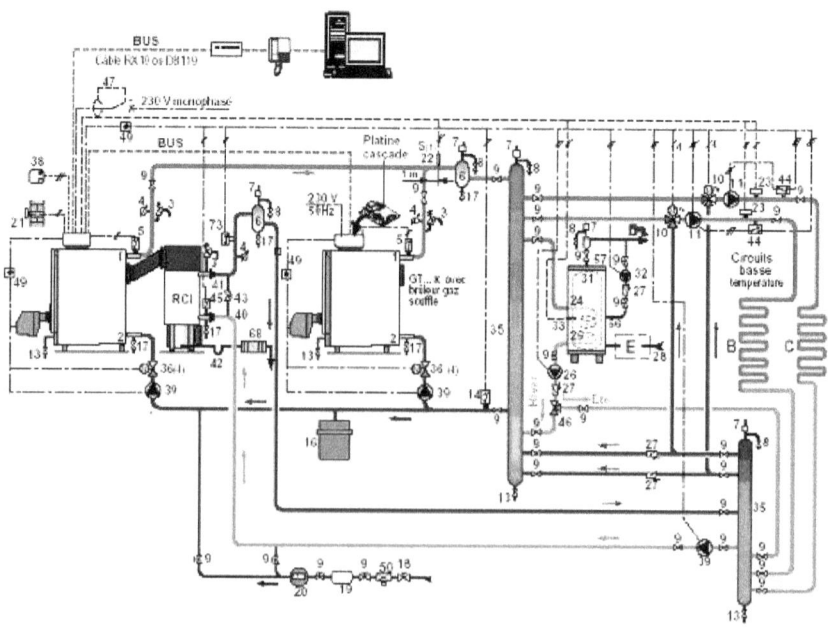

AUTOEVALUACIÓN

Instalación de agua caliente. Producción. Funcionamiento. Regulación. Conducción. Almacenamiento. Intercambiadores de calor. Radiadores.

Señalar objetivo u objetivos de las instalaciones de agua caliente sanitaria.
- a) Llegar a todos los puntos de consumo con presión y caudal suficiente.
- b) Conformar un sistema de tuberías estéticamente agradable
- c) Economía entre los elementos empleados y la aptitud de la instalación.
- d) Ninguna es correcta
- e) a y c son correctas

2. Los criterios de clasificación del sistema de producción de Agua Caliente Sanitaria son en función de:
- a) El número de unidades atendidas
- b) El sistema empleado en la producción
- c) El tipo de energía empleada
- d) Todas son correctas
- e) Ninguna es correcta

3. La sigla ACS significa:
- a) Agua Corriente Saturada
- b) Agua Caliente Sulfurada
- c) Agua Cristalizada Sanitaria
- d) Agua Caliente Sanitaria
- e) Ninguna es correcta

4. Las potencias para el sistema de producción individual es:
- a) Entre 5 y 10 Kw
- b) Entre 10 y 20 Kw
- c) Entre 11 y 33 Kw
- d) Entre 15 y 35 Kw
- e) Entre 19 y 39 Kw

5. Señalar la respuesta incorrecta. En los sistemas de producción individual los equipos de calentamiento son:
- a) Calentador Instantáneo de Gas
- b) Calentador Acumulador de Gas

c) Termo Acumulador Eléctrico
d) Calentador mixto
e) a, b y c son correctas

6. Los sistemas de producción centralizada requieren una sala de:
a) Máquinas
b) Aljibes
c) Calderas
d) Gas
e) Tanques

7. Los sistemas de producción centralizada tienen dos circuitos denominados:
a) Uno y Dos
b) Primero y Segundo
c) Principal y auxiliar
d) Primario y Secundario
e) Ninguna es correcta

8. Señalar la respuesta incorrecta. El depósito de expansión de la caldera contiene tres elementos:
a) Aire
b) Membrana
c) Fuelle
d) Agua
e) A, b y c son correctas

9. La Caldera mixta se denomina así porque es utilizada para:
a) ACS y Calefacción
b) AFS y ACS
c) ACS y Riego
d) Todas son correctas
e) Ninguna es correcta

10. En el sistema individual la acumulación puede ser:
a) A gas y mecánico
b) Eléctrico y a vapor
c) A gas y Eléctrico
d) Sólo a Gas
e) Ninguna es correcta

11. El depósito de expansión de la caldera puede ser:
a) Vertical u Horizontal
b) Lineal o Circular
c) Matemático o Geométrico

d) Abierto y Cerrado
e) Todas son correctas

12. La regulación de la temperatura de las calderas en sistemas centralizados puede hacerse:
a) Sólo en el circuito primario
b) Sólo en el circuito secundario
c) En el circuito primario y en el circuito secundario
d) En ninguno de los dos circuitos
e) Ninguna es correcta

13. Las calderas disponen de dos tipos de potencias:
a) Potencia estándar y potencia especial
b) Potencia horizontal y potencia vertical
c) Potencia susceptible y potencia de calentamiento
d) Potencia útil y potencia nominal
e) Ninguna es correcta

14. En las calderas y los condensadores, es de fundamental importancia la transferencia de calor por:
a) Presión y Temperatura ambiente
b) Ebullición y condensación
c) Tiempo y velocidad
d) Todas son correctas
e) Ninguna es correcta

15. En ciertos tipos de intercambiadores de calor, como las torres de enfriamiento, el flujo caliente (es decir, el agua) se enfría mezclándola directamente con:
a) El aceite
b) El aire
c) El hielo
d) El aire
e) Todas son correctas

16. Los intercambiadores de calor, transfieren:
a) Agua
b) Frío
c) Aire
d) Calor
e) Humedad

17. Cuántas son las categorías importantes para la clasificación de los intercambiadores de calor:
a) Una

b) Dos
c) Tres
d) Cuatro
e) Cinco

18. Qué Categoría define el siguiente enunciado. Son intercambiadores en donde un fluido caliente fluye a través del mismo espacio seguido de uno frío en forma alternada, con tan poca mezcla física como sea posible entre las dos corrientes:
a) Intercambiadores de tipo abierto
b) Recuperadores
c) Intercambiadores de tipo cerrado
d) Regeneradores
e) Ninguna es correcta

19. Los tipos de intercambiadores de calor se pueden clasificar basándose en: clasificación por la distribución de:
a) Presión
b) Frío
c) Calor
d) Flujo
e) Humedad

20. En la distribución en contracorriente, los fluidos caliente y frío entran por los extremos opuestos del intercambiador y fluyen en direcciones:
a) Verticales
b) Horizontales
c) Giratorias
d) Paralelas
e) Opuestas

21. Los intercambiadores también se pueden clasificar según su:
a) Altura
b) Tamaño
c) Color
d) Fabricante
e) Aplicación

22. La Caldera ¿Es un intercambiador?
a) No
b) A veces
c) Sí
d) Nunca
e) Según su aplicación

23. Los tipos más comunes son las torres de enfriamiento por convecciones ¿De qué tipos?
a) Espontánea y planificada
b) Algebraica y matemática
c) Artificial y solar
d) Natural y forzada
e) Simple y compleja

24. Qué define el siguiente enunciado: Es un intercambiador de calor, un elemento físico, sin partes móviles ni llamas, destinado al aporte de calor de algún elemento o estancia. Cuando el elemento tiene la función contraria se denomina disipador.
a) Radiación
b) Refractor
c) Radiactividad
d) Radiador
e) Disipador

25. Cuando se purga un radiador qué se elimina de su interior:
a) Agua
b) Aceite
c) Polvillo
d) Gases tóxicos
e) Aire

SOLUCIONARIO

1. e)
2. d)
3. d)
4. c)
5. d)
6. c)
7. d)
8. c)
9. a)
10. f)
11. d)
12. c)
13. d)
14. b)
15. d)
16. d)
17. c)
18. d)
19. d)
20. e)
21. e)
22. c)
23. d)
24. d)
25. e)

Equipos de producción de calor. Calderas, partes de la caldera, clasificación de las calderas. Seguridades en las calderas. Quemadores. Fundamentos básicos de la combustión. Análisis de humos. Control y regulación. Contaminación ambiental. Tratamiento de las emisiones. Rendimientos. Chimeneas.

EQUIPOS DE PRODUCCIÓN DE CALOR. CALDERAS, PARTES DE LA CALDERA, CLASIFICACIÓN DE LAS CALDERAS. SEGURIDADES EN LAS CALDERAS. QUEMADORES

La evolución de los costes energéticos en los últimos quince años obliga a revisar los criterios que utilizan los técnicos especialistas en termotecnia para elegir la energía más eficiente, segura, no contaminante y barata en la producción de calor para procesos industriales y confort. Desde 1990, los incrementos de los precios en el gas son del 350% y en el gasóleo del 38 0%, mientras que la electricidad ha bajado un 60%. En el caso de los kWh consumidos por la noche y en horas valle el ahorro es del 80%. Las calderas de combustión de gas y gasóleo y en las bombas de calor, deben instalarse contadores de consumo de energía y contadores de kcal/h. Con esta fórmula, el técnico y e l consumidor podrían tener una idea exacta del costo de kWh térmico y sabría en cada momento cual es la energía más eficiente, ecológica y económica. En la actualidad, el consumidor no tiene medios para seleccionar cuál es la energía que le interesa y se rige por las compañas publicitarias más o menos agresivas en los medios. Cuando se utiliza electricidad, en todo momento se sabe el precio del kWh que se consume. Pero en el caso de las energías combustibles y las bombas de calor, el usuario no tiene información sobre el costo del kW h térmico y la idea general es interesada y teórica. Cuando la normativa obligue a colocar contadores de consumo de energía y contadores de calorías producidas efectivas, comenzará la fabricación de equipos térmicos más eficientes e instalaciones más rigurosas, en beneficio de la economía la ecología. En el caso de los equipos para producción de calor con electricidad, muchos técnicos tienen criterios profundamente desfasados, piensan que el gas y el gasóleo son más baratos que la electricidad. Sería interesante que hiciesen un control real del costo del kW h térmico en las instalaciones de combustión y bombas de calor que realizan para que tengan criterios actualizados y fiables. El discurso que hacemos para los técnicos en ejercicio e s aplicable también a las escuelas técnicas donde se están formando los futuros ingenieros especialistas en termotecnia. Resulta imposible tener un criterio fiable de algo que se desconoce en la práctica y los técnicos en general no tienen una opinión sólida basada en experiencias probadas sobre costos reales de las diversas energías para producir calor. Los estudios que se presentan se basan en rendimientos teóricos de las energías y de los equipos y en pruebas de laboratorio puntuales. Los que llevamos más de 40 años en el sector térmico sabemos que la realidad es distinta y solamente sabremos la verdad cuando se instalen contadores.

Calderas

Según la ITC-MIE-AP01, caldera es todo aparato a presión en donde el calor procedente de cualquier fuente de energía se transforma en energía utilizable, a través de un medio de transporte en fase líquida o vapor. Una Caldera es un dispositivo cuya función principal es calentar agua. Cuando supera la temperatura de ebullición, genera vapor. El vapor es generado por la absorción de calor producido de la combustión del combustible. La caldera se encarga de absorber el calor proveniente de las áreas del economizador, el horno, el supercalentador y el vapor recalentado.

Las calderas pueden ser:

- Eléctricas
- A combustible gasóleo o combustible diésel,
- A gas natural, gas butano, etcétera.

También existen a combustible de leña, carbón o desechos sólidos.

Las calderas pequeñas, exclusivamente para agua caliente sanitaria, se suelen conocer como calentadores (ej. para emplear en la ducha, en el fregadero de la cocina, etc.). Se conoce como caldera de vapor a aquella unidad en la cual se puede cambiar el estado del fluido de trabajo (agua) de líquido a vapor de agua, en un proceso a presión constante y controlada, mediante la transferencia de calor de un combustible que es quemado en una cámara conocida como "hogar". En algunos casos se puede llevar hasta un estado de vapor sobrecalentado.

Caldera eléctrica

Partes y componentes de una caldera eléctrica

Electrobomba   Purgador automático
Vaso expansión   Termostato
Preostato   Válvula antirretorno
Válvula de seguridad   Termohigrómetro
Electrobomba   Termómetro
Termostato doble   Alimentador automático

Funcionamiento

Ingreso agua fría, salida agua caliente. Requiere una instalación básica para conexiones libres para sistemas ventilados y sin ventilar. Ahorro en los costos de instalación, ideal para viviendas múltiples. Rendimiento 99,8%, libre de contaminación. No requieren ventilación, no desperdician calor en la descarga de gases y, por lo tanto son muy eficientes. Sin ruidos y sin humos obteniendo así una atmósfera y estilo de vida más limpios. Con un mantenimiento mínimo, sin necesidad de un lugar específico y sin los problemas de provisión de combustible. Las calderas eléctricas representan la mejor alternativa, en cuanto a costo real contra los sistemas que se alimentan con gases envasados. Las calderas eléctricas ofrecen el confort y la conveniencia de la calefacción central y provisión de agua caliente sanitaria donde haya servicios de luz eléctrica, tanto sea en áreas rurales, conjuntos habitacionales de varios pisos o en cualquier otro proyecto donde no haya instalación de gas de red. Las calderas eléctricas están dimensionadas para satisfacer una amplia gama de distintas necesidades, desde una casa prefabricada hasta una vivienda familiar. (Libre de elementos contaminantes), suministrando por lo tanto, una calefacción central y agua caliente continua en la vivienda. Las mismas tienen incorporado un microchip para el sistema de control que regula la producción y la temperatura de agua caliente suministrando una modulación de la energía -de máxima eficiencia- y a un costo mínimo de funcionamiento.

Especificaciones de dos modelos de calderas eléctricas:

USO	REG. TEMPERTURA	CAPACIDAD	CONSUMO	Btu 240v	AMPS.	PRESION MAXIMA	Peso
Radiadores	65ºC / 80ºC	10,300 Kcal/h	12 kW	41,000	50	3 bar	9 kg
Piso Radiante	30ºC / 60ºC	10,300 Kcal/h	12 kW	41,000	50	3 bar	9 kg

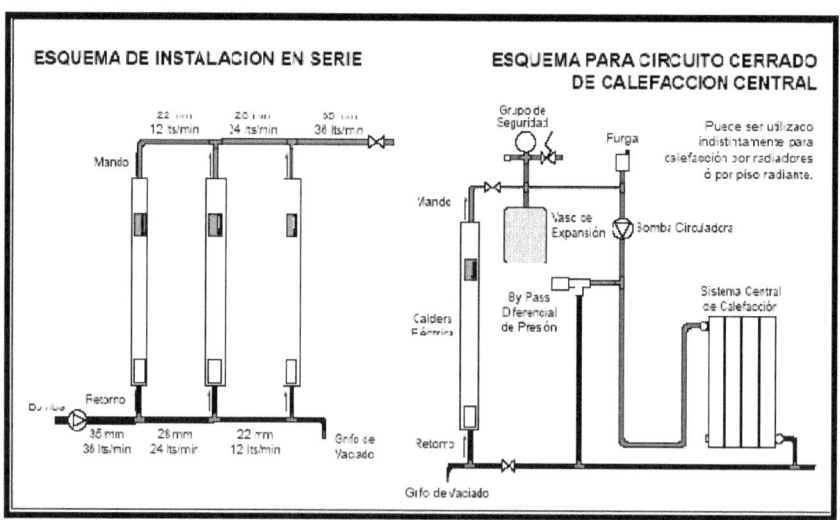

Esquema de instalación en serie

Mando Grupo de Seguridad, Purga, Bomba Circuladora, Caldera Eléctrica Sistema Central de Calefacción, By Pass, Diferencial de Presión, Vaso de Expansión, Retorno Grifo de Vaciado

Caldera a combustible

Empecemos por decir que una combustión tiene lugar cuando una sustancia cualquiera reacciona con el Oxígeno u otro oxidante generando calor de manera sostenida, aunque se haya retirado la fuente de calor que dio origen a la reacción, la sustancias en cuestión es entonces un combustible. Genéricamente hablando, casi todas las cosas que nos rodean son combustibles, todo depende de la forma y de la temperatura que se obtenga para iniciar la reacción, así una estopa de acero "quema" perfectamente al aire si se calienta lo suficiente, sin embargo en la práctica se consideran combustibles solo aquellas sustancias que se usan especialmente para producir energía utilizable en un proceso de combustión.

Combustible Diésel

Durante la destilación fraccionada del petróleo y después de haber extraído las fracciones de gases, bencinas, gasolina y queroseno comienza a destilar la fracción correspondiente al combustible Diésel, esta fracción está constituida principalmente por hidrocarburos muy poco volátiles de carácter ligeramente aceitoso que se usa como combustible para los motores Diésel y que varía de país en país de acuerdo a los estándares nacionales y al petróleo natural utilizado como fuente de materia prima. Pueden distinguirse en algunos países más de un tipo de combustible Diésel, los ligeros que se usan para motores de transporte por carretera y los pesados que se usan en los grandes motores de ferrocarril y navales. El índice que caracteriza al combustible Diésel es el número de cetano.

Gasolinas

Durante la destilación fraccionada del petróleo y después de extraídas las fracciones de gases y bencinas se separa la fracción de "Gasolinas"

163

constituida por una mezcla variable de hidrocarburos algo volátiles utilizable para motores de combustión diseñados especialmente para ese combustible. Esta mezcla no tiene una "fórmula" fija ni predeterminada, si no, unos índices estandarizados (con algunas variaciones de país a país) por lo que puede estar formada por diferentes elementos en diferentes proporciones, será "gasolina" siempre que cumpla con los estándares adecuados, los índices básicos para una gasolina son:

Valor calórico
El valor calórico es la cantidad de calor generado por unidad de masa del combustible durante la combustión y se mide en Kcal/Kg.

Volatilidad
La volatilidad de una gasolina es el rango de temperaturas desde que comienza a hervir la mezcla hasta que se evapora todo el líquido (normalmente hasta los 200 grados Celsius).

Número de Octano (Octanaje)
Como durante el trabajo del motor una mezcla de aire y vapores de gasolina se comprime y luego quema de manera controlada para sacarle energía mecánica, esta mezcla de gasolina-aire debe resistir determinada compresión sin auto inflamarse o de lo contrario la combustión será descontrolada e ineficiente y el rendimiento del motor muy bajo, el número de Octano mide esa capacidad y se conoce como Octanaje de la gasolina, de manera que mientras mayor sea el número de Octano más alta es la capacidad de comprimirse sin auto inflamación. Las gasolinas obtenidas directamente de la fracción correspondiente al petróleo natural, tienen por lo general un Octanaje muy bajo para el uso en los modernos motores de los automóviles, por lo que en la práctica

este índice se aumenta agregándole a las gasolinas naturales productos que elevan el Octanaje (gasolinas etiladas), como estos productos son más caros que la propia gasolina el precio de las gasolinas tratadas es mayor a medida que aumenta el Octanaje (mas aditivo incorporado). Existe la equivocada tendencia a pensar que las gasolinas de mayor Octanaje son mejores y más refinadas que las de menos Octanaje (error craso) todas las gasolinas tienen la misma "base" a las que se ha agregado más o menos aditivos para darle resistencia a la auto inflamación. En el mercado existen generalmente tres tipos de gasolina de acuerdo a su Octanaje para ser usadas de acuerdo a las características técnicas de los motores de serie (unos comprimen más la mezcla que otros), utilizar la gasolina de menor Octanaje en motores de alta compresión deteriora el motor prematuramente, pero utilizar gasolinas de Octanaje superior al necesario no le da más potencia al motor ni le alarga la vida y estamos "botando" el dinero como idiotas, la propaganda de las Empresas Petroleras coqueteando con el fraude pero sin caer abiertamente en él, incentiva la idea de que mientras más Octanaje en la gasolina mejor para mi motor haciéndonos pasar por ello. Todos los automóviles en el manual del propietario explican la gasolina apropiada.

Contenido de Azufre

Las gasolinas no deben contener Azufre ni sustancias sulfurosas en su composición, pero como en los petróleos naturales el azufre está presente en mayor o menor cantidad, siempre pasarán a la gasolina durante la destilación fraccionada algunos de ellos, de forma tal que todas las gasolinas tendrán la posibilidad de contener Azufre. Lo que establecen los estándares son los límites máximos de estos productos sulfurosos en las gasolinas terminadas, debido a que durante el trabajo normal del motor se forma y escapa entre otras cosas, Ácido Sulfúrico que es un contaminante agresivo en la atmósfera y además corroe notablemente el motor.

Cenizas residuales

Cuando se quema un combustible queda un residuo sólido que conocemos como "cenizas". Aunque pocas, las gasolinas también tienen cenizas, estas cenizas son fuertemente abrasivas y desgastan el motor rápidamente por eso se limita la cantidad residual de ellas en las gasolinas. En el oscuro mundo de la publicidad y el mercadeo hay toda clase de "aditivos misteriosos" generalmente bautizados con nombres muy sugerentes para "elevar" la calidad de esta o la otra gasolina, puede que sea cierto o no, pero lo que sí es seguro es que nadie puede comercializar gasolina si no cumple con los estándares del país, y estos son suficientes para el uso seguro y duradero del motor.

Circuito de combustión

El circuito de combustión comienza con la preparación del combustible. El transporte del combustible se realiza por medio de barredores accionados hidráulicamente, programados según las necesidades de la caldera. El combustible es arrastrado desde los barredores hidráulicos, hacia la cadena transportadora la que lleva al combustible en dirección a las bocas de alimentación. Al entrar el combustible se debe dosificar en el punto de entrada al hogar mediante válvulas dosificadoras (esto es para evitar excesos de combustible al caer en el hogar, ya que esto puede producir acumulación de combustible sin quemar). El transporte a través de los diversos equipos es la parte de más detalle para esta caldera ya que de esto depende la buena dosificación del combustible. El exceso de aire es controlado para que la extracción de los gases de combustión sea eficiente. Este recorrido que hace la mezcla comienza por el sistema hidráulico que da el movimiento lineal a los barredores, al barrer cae a la cadena transportadora movida por un motor y reductor de velocidad. Al llegar a las bocas de alimentación hay que dosificar el combustible por medio de válvulas rotatorias. La caída del combustible es de ignición casi instantánea por el exceso de aire. Puesto que los gases tienen un recorrido por los tubos en la segunda pasada, las pérdidas de carga le impiden llegar con facilidad a la chimenea. Esto se facilita con la ayuda de un ventilador de tiro inducido. Como las calderas son para la generación vapor, el agua debe pasar del estado líquido al de vapor saturado. Para que el vapor tenga alta temperatura hay que subir su presión por sobre la atmosférica. Está presión constante que se genera en las líneas se consigue con el aporte de caudal de dos bombas multietapas para alcanzar la presión de 14 (Kg/cm^2). Estas bombas trabajan por lapsos de tiempo, quedando siempre una en stand-by, hay que recordar que por razones de seguridad la caldera no puede trabajar bajo un nivel mínimo de agua.

Válvulas Dosificadoras

Las válvulas cumplen la función de dosificar el combustible, por medio de un rotor con paletas. Descarga directamente en el hogar.

Ventilador Tiro Forzado (VTF)

Su función es inyectar un flujo de aire constante al hogar. De esta forma se produce el exceso de aire necesario para asegurar la combustión.

El flujo de aire es regulado por medio de un dámper ubicado en la succión y es precalentado por medio de un intercambiador vapor-aire a temperaturas cercanas a los 100 °C. La finalidad de aumentar la temperatura del aire es para incrementar el rendimiento de la combustión y por consiguiente el rendimiento de la caldera. Un exceso de aire incontrolado produce mala combustión e inestabilidad en la operación de la caldera; además de que baja la temperatura del hogar y puede generar aumentos de presión en la caldera.

Ventilador Tiro Inducido (VTI)

El ventilador de tiro inducido está diseñado para la extracción de los gases de la combustión. Está equipado con motor trifásico. Los gases antes de salir a la atmósfera a través de la chimenea, primero hacen un recorrido por los tubos de agua y luego por el cuerpo piro tubular. El volumen de gas extraído es de 55.000 (m³/hr) a una temperatura de 280 °C. Estos gases no son aprovechados en intercambiadores de calor y se envían directamente a la atmósfera.

Caldera a combustible y a gas

Especificaciones

Capacidad: 10 a 25 HP.

Presión: Hasta 21 kg/cm 2 (300 psi).

Temperatura: Hasta 216°C.

Servicio: Vapor saturado seco.

Combustible: Diésel, Gasóleo, Combustóleo, Gas L.P., Gas Natural o Duales.

Calderas a gas

El combustible que genera el calor es el gas. Natural, butano, etc.

Calderas de vapor

Una caldera es una máquina o instalación, diseñada y construida para producir vapor de agua a elevada presión y temperatura, las hay, desde pequeñas instalaciones locales para la producción de vapor para cocción de alimentos, planchado en serie de ropa, tratamientos sépticos de instrumentales y labores similares, con vapor de relativa baja temperatura y presión, hasta enormes instalaciones industriales, utilizadas para la alimentación de turbinas de generación de electricidad, y otros procesos industriales donde se requiere vapor en grandes cantidades, a altísimas temperaturas y presiones. La caldera de vapor más elemental es la conocida olla a presión, tan común en nuestros hogares. En esencia una caldera es un recipiente cerrado, lleno parcialmente de agua a la que se le aplica calor procedente de alguna fuente, tal como un combustible, rayos solares concentrados, electricidad etc. para hacerla hervir y producir vapores. Como estos vapores están confinados a un espacio cerrado, se incrementará la presión interior y con ello la temperatura de ebullición del agua según muestra el diagrama de fases, pudiéndose alcanzar finalmente muy elevados valores de presión y temperatura. Estos vapores se concentran en la parte superior del recipiente inicialmente vacío, conocido como domo, de donde se extrae vía conductos para ser utilizado en el proceso en cuestión. Aunque el principio de trabajo es muy simple, las particularidades del proceso son complejas para un trabajo seguro y eficiente de la caldera, especialmente en las grandes instalaciones industriales. Hay muchos tipos de calderas de acuerdo a las temperaturas y presiones finales, tipo de energía calorífica disponible y volumen de producción de vapor. Cabe destacar además, que incluso, para las mismas condiciones generales, existen un gran número de diseños constructivos en cuanto al modo de intercambio de calor, la forma del quemado del combustible, forma de alimentación del agua y otros muchos factores, lo que hace el tema de las calderas, objeto de grandes tomos técnicos así como de constante desarrollo. Existen varias formas de clasificación de calderas, entre las que se pueden señalar:

1.-Según la presión de trabajo:

- Baja presión   : de 0 – 2.5 Kg./cm2
- Media presión   : de 2.5 - 10 Kg./cm2

- Alta presión : de 10 – 220 Kg./cm2
- Supercríticas : más de 220 Kg./cm2.

2.-Según su generación:
- De agua caliente
- De vapor: -saturado (húmedo o seco)
- De vapor: -recalentado.

3.-Según la circulación de agua dentro de la caldera:
- Circulación natural: el agua se mueve por efecto térmico
- Circulación forzada: el agua se hace circular mediante bombas.

4.-Según la circulación del agua y los gases calientes en la zona de tubos de las calderas. Según esto se tienen 2 tipos generales de calderas.
- Pirotubulares
- Acuotubulares

Partes de la caldera

Las calderas de vapor, básicamente constan de 2 partes principales:

Cámara de agua

Recibe este nombre el espacio que ocupa el agua en el interior de la caldera. El nivel de agua se fija en su fabricación, de tal manera que sobrepase en unos 15 cms por lo menos a los tubos o conductos de humo superiores. Con esto, a toda caldera le corresponde una cierta capacidad de agua, lo cual forma la cámara de agua. Según la razón que existe entre la capacidad de la cámara de agua y la superficie de calefacción, se distinguen calderas de gran volumen, mediano y pequeño volumen de agua. Las calderas de gran volumen de agua son las más sencillas y de construcción antigua. Se componen de uno a dos cilindros unidos entre sí y tienen una capacidad superior a 150 H de agua por cada m2 de superficie de calefacción. Las calderas de mediano volumen de agua están provistas de varios tubos de humo y también de algunos tubos de agua, con lo cual aumenta la superficie de calefacción, sin aumentar el volumen total del agua. Las calderas de pequeño volumen de agua están formadas por numerosos tubos de agua de pequeño diámetro, con los cuales se aumenta considerablemente la superficie de calefacción. Como características importantes podemos considerar que las calderas de gran volumen de agua tienen la cualidad de mantener más o menos estable la presión del vapor y el nivel del agua, pero tienen el defecto de ser muy lentas en el encendido, y debido a su reducida superficie producen poco vapor. Son muy peligrosas en caso de explosión y poco económicas. Por otro lado, la caldera de pequeño volumen de agua, por su gran superficie de calefacción, es muy rápida en la producción de vapor, tienen muy buen rendimiento y producen grandes cantidades de vapor. Debido a esto requieren especial cuidado en la alimentación del agua y regulación del fuego, pues de faltarles alimentación, pueden secarse y quemarse en breves minutos.

Cámara de vapor

Es el espacio ocupado por el vapor en el interior de la caldera, en ella debe separarse el vapor del agua que lleve una suspensión. Cuanto más variable sea el consumo de vapor, tanto mayor debe ser el volumen de esta cámara, de manera que aumente también la distancia entre el nivel del agua y la toma de vapor.

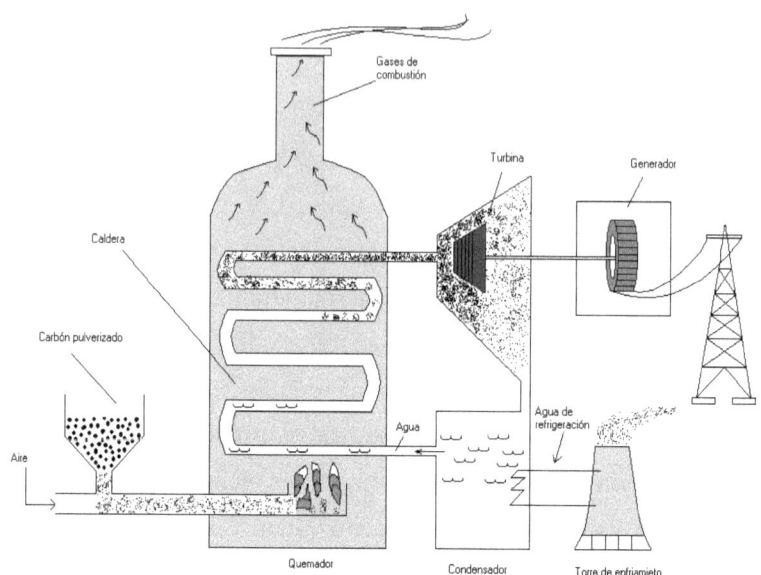

Esquema de una Central térmica convencional.

Durante el paso por los tubos, ceden el calor al agua circundante, calentándola y haciéndola hervir, los vapores resultantes, burbujean en el resto del agua para concentrarse en el domo de donde se extraen para el proceso. Una válvula de seguridad calibrada, impide que se alcancen presiones peligrosas para la integridad de la caldera. Como durante el trabajo, se utiliza el vapor, el nivel del agua dentro de la caldera se reduce, por tal motivo es necesario alimentar la caldera con agua fresca. El conducto de purga se utiliza para vaciar la caldera en caso de reparaciones y mantenimiento o en periodos de inactividad durante las heladas.

El agua para la caldera

Un factor importantísimo a tener en cuenta durante el trabajo de la caldera es la calidad del agua de alimentación.

Esta agua debe estar desprovista de dureza temporal, de lo contrario, las sales depositadas en torno a los tubos de fuego van formando una capa aislante que impide el intercambio adecuado de calor entre gases de la combustión y agua, con la consecuente pérdida de eficiencia. Hay calderas de funcionamiento invertido al del esquema presentado, es decir por dentro de los tubos de fuego, circula el agua a calentar, y por el exterior, los gases calientes producto de la combustión, en este caso, la capa de sales depositadas en el interior de los tubos y su consecuente aislamiento, pueden producir que el tubo se caliente mucho, se reblandezca y estalle produciendo la explosión de la caldera.

Clasificación de las calderas

Pirotubulares o de tubos de humo
En estas caderas los humos pasan por dentro de los tubos cediendo su calor al agua que los rodea.

Características principales de calderas pirotubulares
Básicamente son recipientes metálicos, comúnmente de acero, de forma cilíndrica o semicilíndrica, atravesados por grupos de tubos por cuyo interior circulan los gases de combustión. Por problemas de resistencia de materiales, su tamaño es limitado. Sus dimensiones alcanzan a 5 mts de diámetro y 10 mts. de largo. Se construyen para Flujos máximos de 20.000 Kg./h de vapor y sus presiones de trabajo no superan los 18 Kg./cm2. Pueden producir agua caliente o vapor saturado. En el primer caso se les instala un estanque de expansión que permite absorber las dilataciones de agua. En el caso de vapor poseen un nivel de agua a 10 o 20 cm. sobre los tubos superiores.
Entre sus características se pueden mencionar:
- Sencillez de construcción.
- Facilidad de inspección, reparación y limpieza.
- Gran peso.

- Lenta puesta en marcha.
- Gran peligro en caso de explosión o ruptura debido al gran volumen de agua almacenada.

Acuotubulares o de tubos de agua

El agua circula por dentro de los tubos, captando calor de los gases calientes que pasan por el exterior. Permiten generar grandes cantidades de vapor sobrecalentado a alta presión y alta temperatura, se usa en plantas térmicas para generar potencia mediante turbinas.

Características principales de las calderas acuotubulares

Se componen por uno o más cilindros que almacenan el agua y vapor (colectores) unidos por tubos de pequeño diámetro por cuyo interior circula el agua. Estas calderas son apropiadas cuando el requerimiento de vapor, en cantidad y calidad es alto. Se construyen para capacidades mayores a 5.000 Kg./h de vapor (5 ton/h) con valores máximos en la actualidad de 2.000 ton/h. Permiten obtener vapor a temperaturas del orden de 550° C y presiones de 200kg/cm2 o más.

Seguridad en las calderas

Las calderas deben poseer una serie de accesorios que permitan su utilización en forma segura, los que son:

- Accesorios de observación: dos indicadores de nivel de agua y uno o más manómetros. En el caso de los manómetros estos deberán indicar con una línea roja indeleble la presión máxima de la caldera.
- Accesorios de seguridad: válvula de seguridad, sistema de alarma, sellos o puertas de alivio de sobre presión en el hogar y tapón fusible (en algunos casos). El sistema de alarma, acústica

o visual, se debe activar cuando el nivel de agua llegue al mínimo, y además deberá detener el sistema de combustión.

Riesgos de una caldera

1.- Aumento súbito de la presión:
Esto sucede generalmente cuando se disminuye el consumo de vapor, o cuando se descuida el operador y hay exceso de combustible en el hogar o cámara de combustión.

2.-Descenso rápido de la presión:
Se debe al descuido del operador en la alimentación del fuego.

3.-Descenso excesivo del nivel de agua:
Es la falla más grave que se puede presentar. Si este nivel no ha descendido más allá del límite permitido y visible , bastará con alimentar rápidamente, pero si el nivel ha bajado demasiado y no es visible, en el tubo de nivel, deberá considerarse seca la caldera y proceder a quitar el fuego, cerrar el consumo de vapor y dejarla enfriar lentamente. Antes de encenderla nuevamente, se deberá inspeccionarla en forma completa y detenida.

4.-Explosiones:
Las explosiones de las calderas son desastres de gravedad extrema, que casi siempre ocasionan la muerte a cierto número de personas. La caldera se rasga, se hace pedazos, para dar salida a una masa de agua y vapor; los fragmentos de la caldera son arrojados a grandes distancias.

Estos accidentes desgraciadamente frecuentes, han sido atribuidos durante mucho tiempo a causas excepcionales y fuerza del alcanza de la prevención, es decir, se les ha considerado como caso de fuerza mayor.

El estudio de las causas de las explosiones he permitido determinar que estas se deben a:

- Construcción defectuosa
- Falla de los accesorios de seguridad, válvula de seguridad que no habrán oportunamente o no son capaces de evacuar todo vapor que la caldera produce.
- Negligencia, descuido o ignorancia del operador.
- Mezcla explosiva en los conductos de humo.
- Falta de agua en las calderas (la más frecuente)
- Incrustaciones masivas o desprendimiento de planchones.

Cuando el nivel de agua baja, deja al descubierto las planchas, que estando en contacto con el calor de la combustión se recalientan al rojo. Al recalentarse estas pierden gran parte de su resistencia, el vapor se produce en menor cantidad por la disminución de la superficie de calefacción. Las incrustaciones actúan como aislante dejando las planchas de la caldera sometidas a calor y sin contacto con el agua.

De esta manera se van recalentando y perdiendo su resistencia hasta que no son capaces de resistir la presión y se produce la explosión.

Medidas de prevención

Procedimiento de trabajo seguro en la manipulación y operación de calderas:

1.-Los operadores de caldera solo podrán hacer abandono de la sala al término de su turno. En caso de que alguno requiera ausentarse solo será con previo aviso y autorización del jefe directo.

2.-Los operadores deberán tener una observación permanente del funcionamiento de las calderas. Para ello deberán ubicarse en tal posición de no perder de vista los controles y elementos de observación, tales como el nivel del agua y manómetro.

3.-Deberán ser controlados permanentemente los siguientes elementos:

- Chequear y observar el funcionamiento de las bombas de alimentación de agua.
- Revisar el funcionamiento de quemadores, y estar atentos a cualquier anomalía.
- Observar presión indicada en los manómetros, teniendo presente que en ningún momento debe sobrepasar la presión máxima de trabajo.
- Chequear la temperatura de los gases de combustión, así como también la temperatura del agua de alimentación.
- Estar atento a cualquier ruido u olor extraño a los normales.

4.-Se le prohíbe estrictamente al operador dejar fuera de funcionamiento, bloquear o deteriorar los sistemas de alarma y/o controles de nivel de agua de las calderas.

5.- Obligaciones del operador de turno:

- Accionar válvulas de seguridad
- Accionar gráficos de pruebas con el objeto de descartar los niveles de agua falsos.
- Purgar columna del control automático del agua.
- Realizar análisis químico de alimentación y el agua de la caldera.
- Mantener sala de calderas en perfectas condiciones de aseo y orden.
- Dosificar productos químicos: antincrustante, neutralizante y secuestrador de oxígeno.

6.- Eliminar cualquier ingreso de aire que no intervenga en la combustión y solo contribuirá a diluir los contaminantes.

Accesorios de seguridad

Válvula de seguridad:
Todas las calderas tienen una o más válvulas deben disponer de uno o más válvulas de seguridad cuya finalidad es: dar salida al vapor de la caldera cuando se sobrepasa la presión normal de trabajo, con lo cual se evitara presiones excesivas en los generadores de vapor.

Tapón fusible:
Consiste en un tapón de bronce, con hilo para ser atornillado al caldero, y tienen un orificio cónico en el centro, en el cual se rellena con una aleación metálica (plomo, estaño), cuyo punto de fusión debe ser de 250 ° C como máximo.

Alarmas:
Silbato de alarmas:
Accesorios de seguridad que funcionan cuando el nivel de agua en el interior de la caldera ha descendido más allá del nivel normal. Consiste en un tubo metálico con el extremo inferior abierto y sumergido al interior de la caldera, hasta el nivel mínimo admisible.

Equipos de protección personal:
- *Casco*
- *Zapato de seguridad*
- *Protector auditivo*
- *Guante*
- *Ropa liviana*

Revisiones y pruebas de condiciones de seguridad

Para verificar las condiciones de seguridad de los generadores de vapor, éstos deberán ser sometidos a las siguientes revisiones y pruebas:

a)   Revisión interna y externa

b)   Prueba hidráulica

c)   Prueba con vapor

d)   Prueba de acumulación

e)   Pruebas especiales

Revisión interna y externa

Para estas revisiones el propietario o usuario de la caldera la preparará como sigue: apagará sus fuegos, la dejará enfriar, la drenará, la abrirá y la limpiará completamente incluso los conductos de humo.

Prueba hidráulica

La caldera se preparará para la prueba hidráulica en la siguiente forma: Se interrumpirán las conexiones a la caldera por medio de bridas ciegas (flanches ciegos) u otros medios que interrumpan en forma completa y segura todas las conexiones de vapor y agua, y que resistan la presión hidráulica a que se someterán.

Se limpiará la cámara de combustión y se abrirán y se limpiarán los conductos de humo, de modo que la estructura metálica de la caldera sea accesible por todos sus lados.

Se retirarán las válvulas de seguridad y se colocarán tapones o flanches ciegos. En ningún caso se permitirá el aumento de la carga en la palanca o un aumento en la presión sobre el resorte de la válvula.

Se llenará la caldera con agua hasta expulsar todo el aire de su interior, mediante un tubo de ventilación.

Durante la prueba hidráulica se aplicará la presión en forma lenta y progresiva aumentándola uniformemente, sin exceder el valor fijado para la presión de prueba que debe resistir.

Enseguida, se revisará la caldera para comprobar la existencia o ausencia de filtraciones o deformaciones en sus planchas.

Se considerará que la caldera ha resistido la prueba hidráulica en forma satisfactoria cuando no haya filtración ni deformación de las planchas.

Posteriormente se bajará la presión también en forma lenta y uniforme.

Prueba con vapor

Después de cada prueba hidráulica se realizará una prueba con vapor en la cual la válvula de seguridad se regulará a una presión de abertura que no exceda más de 6% sobre la presión máxima de trabajo de la caldera.

Prueba de acumulación

La prueba de acumulación se realizará con la caldera funcionando a su máxima capacidad y con la válvula de consumo de vapor cerrada. En estas condiciones la válvula de seguridad deberá ser capaz de evacuar la totalidad del vapor sin sobrepasar en un 10% la presión máxima de trabajo del generador de vapor.

Pruebas especiales

Sin perjuicio de las pruebas prescritas en los artículos anteriores la autoridad sanitaria podrá solicitar que los generadores de vapor sean sometidos a pruebas especiales no destructivas, con el objeto de determinar calidad de planchas y soldaduras en calderas muy usadas o muy antiguas o en aquellas en que se hayan producido deformaciones o recalentamiento.

Quemadores

Los quemadores son accesorios principales en las calderas. Su objeto es mezclar el aire con el combustible o viceversa para luego introducirlo a presión en forma de llama incandescente al interior de la caldera.

De acuerdo con la forma como se alimenta el aire, se puede clasificar los quemadores en dos categorías:

Quemadores de alimentación separada de aire y gas

En este tipo de quemador, los dos fluidos, ambos a presión, llegan separadamente a la punta, o "nariz" del quemador; la mezcla se realiza en la cámara de combustión, o en la proximidad de está.

Estos quemadores son aplicables a calderas de todas las capacidades.

Quemadores de mezcla previa

En este tipo de quemador, llamado a veces de llama azul, la mezcla de los dos fluidos se realiza antes de su introducción en la cámara de combustión.

Los sistemas usados se basan en tres principios diferentes:

a) el gas, fluido motor, arrastra por inducción al aire tomado de la atmósfera.

b) el aire, fluido moto arrastra al gas cuya presión ha sido reducida previamente a la presión atmosférica.

c) la mezcla del aire y del gas es realizada por medio de un aparato mecánico.

Esta clasificación es un poco artificial, pues numerosos quemadores poseen caracteres que corresponden, simultáneamente, a varios principios de alimentación.

Se puede hablar también de quemadores:

- *Quemadores de turbulencia*
- *Quemadores a presión alta o baja*
- *Quemadores de combustión tangencial*
- *Quemadores de tipo turbina.*

A estos se pueden agregar los quemadores mixtos que queman simultáneamente dos combustibles.

FUNDAMENTOS BÁSICOS DE LA COMBUSTIÓN. ANÁLISIS DE HUMOS. CONTROL Y REGULACIÓN

Combustión

La combustión está presente en nuestra vida diaria, ya sea moviendo las ciudades actuales, o entregando la energía necesaria a los seres vivos para realizar todas sus actividades. Es un proceso de oxidación rápida de una sustancia, acompañado de un aumento de calor y frecuentemente de luz. En el caso de los combustibles comunes, el proceso consiste en una combinación química con el oxígeno de la atmósfera que lleva a la formación de dióxido de carbono, monóxido de carbono y agua, junto con otros productos como dióxido de azufre, que proceden de los componentes menores del combustible. El término combustión, también engloba el concepto de oxidación en sentido amplio. El agente oxidante puede ser ácido nítrico, ciertos percloratos e incluso cloro o flúor.

La reacción de la combustión tendrá lugar si hay la presencia simultánea y en las proporciones adecuadas de los tres componentes del Triángulo de la combustión.

Liberación de energía

La mayoría de los procesos de combustión liberan energía (casi siempre en forma de calor), que se aprovecha en los procesos industriales para obtener fuerza motriz o para la iluminación y calefacción domésticas. La combustión también resulta útil para obtener determinados productos oxidados, como en el caso de la combustión de azufre para formar dióxido de azufre y ácido sulfúrico como producto final. Otro uso corriente de la combustión es la eliminación de residuos. La energía liberada durante la combustión provoca una subida de temperatura en los productos. La temperatura alcanzada dependerá de la velocidad de liberación y disipación de energía, así como de la cantidad de productos de combustión. El aire es la fuente de oxígeno más barata, pero el nitrógeno, al constituir tres cuartos del aire en volumen, es el principal componente de los productos de combustión, con un aumento de temperatura considerablemente inferior que en el caso de la combustión con oxígeno puro. Teóricamente, en toda combustión sólo se precisa añadir una mínima porción de aire al combustible para completar el proceso. Sin embargo, con una mayor cantidad de aire, la combustión se efectúa con mayor eficacia y aprovechamiento de la energía liberada. Por otra parte, un exceso de aire reducirá la temperatura final y la cantidad de energía liberada. En consecuencia habrá de establecerse la relación aire-combustible en función del nivel de combustión y temperatura, deseados. Para lograr altas temperaturas puede utilizarse aire rico en oxígeno, o incluso oxígeno puro, como en el caso de la soldadura oxiacetilénica. El nivel de combustión puede aumentarse partiendo el material combustible para aumentar su superficie y de este modo incrementar su velocidad de reacción. También se consigue dicho aumento añadiendo más aire para proporcionar más oxígeno al combustible. Cuando se necesita liberar energía de modo instantáneo, como en el caso de los cohetes, puede incorporarse el oxidante directamente al combustible durante su elaboración. La forma más común de aprovechar la energía de la combustión para fines prácticos es el motor de combustión interna.

Motor de combustión interna (MCI)
Tipo de máquina que obtiene energía mecánica directamente de la energía química producida por un combustible que arde dentro de una cámara de combustión, la parte principal de un motor. Se utilizan motores de combustión interna de cuatro tipos: el motor cíclico Otto, el motor diésel, el motor rotatorio y la turbina de combustión. El motor cíclico Otto, cuyo nombre proviene del técnico alemán que lo inventó, Nikolaus August Otto, es el motor convencional de gasolina que se emplea en automoción y aeronáutica. El motor diésel, llamado así en honor del ingeniero alemán nacido en Francia Rudolf Christian Karl Diésel, funciona con un principio diferente y suele consumir gasóleo. Se emplea en instalaciones generadoras de electricidad, en sistemas de propulsión naval, en camiones, autobuses y algunos automóviles. Tanto los motores Otto como los diésel se fabrican en modelos de dos y cuatro tiempos.

Análisis de humos, control y regulación
En una combustión los indicadores del estado de ésta se pueden dividir en 4 áreas:
1.- HUMO.
Color y densidad.
Volumen y localización.
Altura del plano neutro.
Pulsaciones.
2.- FLUJO DE AIRE.
Velocidad y dirección.

Flujo turbulento o suave.

Sonido silbante.

3.- CALOR.

Ventanas tiznadas o ennegrecidas sin muestra de llamas.

Abombamiento y desconchado de la pintura por el calor.

Aumento repentino del calor.

4.- LLAMA.

Color.

Volumen.

Localización.

ANÁLISIS DE LAS 4 AREAS.PROTOCOLO "HCAL".

Un buen análisis del Humo, Aire, Calor y Llamas es una parte esencial de la "Evaluación Dinámica del Riesgo" en el inicio y durante el curso de la intervención a la que nos enfrentamos. Esto va a permitir al Jefe de Siniestro establecer el estado de desarrollo el fuego y evaluar los posibles cambios que podrían afectar a la seguridad del equipo de intervención, desarrollando un plan de ataque más eficiente. Todos los equipos de trabajo deberán utilizar el protocolo "HCAL" para evaluar el riesgo en su área de operaciones. Esta información debería ser transmitida al equipo SOS y al Jefe de Siniestro, de manera que se pueda desarrollar un perfil más exacto de lo que está sucediendo.

1.- EL HUMO

Color y Densidad:

El color del humo varía dependiendo de los combustibles que están ardiendo y de la ventilación disponible, no obstante hay unos principios generales que pueden ser utilizados en la evaluación. Así, humo oscuro indica unas condiciones ricas debido a la falta de suministro de aire. Cuando se produce una combustión con llama, el Carbón de los combustibles se libera en el humo y el resultado es un color muy oscuro. Cuando la temperatura es baja y los niveles de Oxigeno son también bajos para mantener la combustión con llama, los productos se rompen (pirolisis) sin llamas activas, y la mayoría del Carbón permanece en el material, produciendo un humo de color claro. Es importante darse cuenta que mientras el fuego se desarrolla, el calor se transfiere a zonas colindantes del compartimiento, lo que puede llevar consigo la pirolisis y un humo blanco cargado de combustible. Mientras el fuego progresa, el nivel del humo desciende, al tiempo que aumenta su densidad.

Como guía general:
• El humo claro a menudo nos indica que hay una acumulación de gases de pirolisis debido al aumento de temperatura en el recinto.
• Humo oscuro nos indica condiciones ricas debido a una combustión incompleta o condiciones pobres debido a la estructura molecular del combustible.
Es muy importante buscar cambios en el color del humo.

Volumen y localización.
El volumen de humo puede ser una buena guía para saber el tamaño del fuego y su situación. En algunos casos nos puede llevar a equivoco y darnos una indicación falsa de su situación, tamaño y fase en que se encuentra de desarrollo. El humo puede viajar a través de zonas ocultas y huecos y emerger en sitios totalmente inesperados. Muchos Bomberos han presenciado una estructura desprendiendo grandes cantidades de humo y más tarde han descubierto que la verdadera área de fuego era bastante pequeña o en una localización totalmente inesperada. El principio básico es que el humo caliente tiende a elevarse verticalmente. Cuando alcance obstrucciones horizontales, el humo se propagará buscando salidas verticales. Cuanto más largo sea este camino, el humo

más se enfriará. Esto también es debido a la mezcla del humo con el aire. Como con todos los indicadores, es muy importante no leer un indicador aisladamente.

Altura del plano neutro
Mientras el fuego se desarrolla, el plano neutro ira descendiendo y la densidad de los gases inflamables ira aumentando; Por tanto:

1.- Un PN alto nos puede indicar que el fuego se encuentra en los primeros momentos de su desarrollo.

2.- Un PN muy bajo nos puede indicar unas condiciones ricas para que se produzca una explosión de humo.

3.- Un ascenso repentino del PN nos puede indicar que está habiendo ventilación.

4.- Una bajada gradual del PN nos puede indicar una acumulación de gases inflamables que puede desencadenar un flashover.

5.- Una repentina bajada del PN nos puede indicar una repentina intensificación del fuego.

Pulsaciones
El humo puede ser visto en forma de pulsaciones en pequeñas aberturas; esto nos está indicando que se trata de un "fuego controlado por la ventilación". En el interior hay variaciones de presión debido al poco suministro de oxígeno, que a la vez produce un descenso en el proceso de combustión. La temperatura decrece y los gases inflamables, al enfriarse, se contraen. Esta contracción provoca un descenso de la presión interior y una nueva entrada de aire. Cuando el aire llega de nuevo al fuego, este se reaviva, produciendo un nuevo aumento de la presión hasta que el aire se vuelve a consumir, comenzando así un

nuevo ciclo. En algunos casos esto síntomas nos puede llevar a una explosión de humos o Backdraft.

2.- FLUJO DE AIRE

El flujo de aire (Air Track) es el movimiento del aire hacia la base del fuego y el movimiento de los productos de combustión súper calentados fuera del compartimiento.

Velocidad y dirección.

Cuando se realiza una abertura, el aire caliente saldrá por la parte superior y el aire frío entrara por la parte inferior de la abertura. Un movimiento repentino y total del flujo de aire hacia el interior nos puede indicar que se va a producir una explosión de humo. En algunos casos va seguido de una salida rápida de humo, para segundos más tarde producir la explosión.

Flujo turbulento o suave.

Si el flujo de aire es lento y laminar (suave) nos indica que el fuego se encuentra en su primera fase de desarrollo y que, probablemente, está todavía "controlado por el combustible". Por el contrario, si el flujo de aire es rápido y turbulento (Normalmente el plano neutro se encuentra muy bajo), nos indica que el fuego está en pleno desarrollo y que está "controlado por la ventilación". Pulsaciones enérgicas del flujo de aire es un fuerte indicador de que el fuego está "controlado por la ventilación.

Sonidos silbantes.

Los sonidos que se escuchan en forma de silbidos nos pueden indicar que el aire está siendo empujado dentro y fuera del compartimiento a través de huecos pequeños y aberturas debido a las variaciones de presión. Esto nos indica que se trata de un fuego "controlado por la ventilación". Debemos de recordar que puede ser difícil escuchar estos sonidos con todo el ruido del siniestro.

Normativa

Ministerio de sanidad y consumo (BOE Nº 76 de 29/3/1990)

Orden de 22 de marzo de 1990, por la que se modifica la de 10 de agosto de 1976, con respecto al método de referencia para humo normalizado.

Texto

El real decreto 1613/1985, de 1 de agosto (<boletín oficial del estado> de 12 de septiembre), establece normas de calidad del aire referente a contaminación atmosférica, por dióxido de azufre y partículas en suspensión. La orden de 10 de agosto de 1976 (<boletín oficial del estado> de 5 de noviembre), sobre normas técnicas para análisis y valoraciones de los contaminantes de naturaleza química presentes en la atmósfera, recoge en el anexo número 4, apartado 3, el método de referencia para la determinación de los niveles de incisión del humo normalizado. La necesaria transposición a nuestra legislación de la normativa comunitaria en esta materia, exige la adecuación de la metodología española, sobre medidas de incisión, a lo dispuesto, en la directiva del consejo 80/779/CEE de 15 de julio (doce l 229/30, de 30 de agosto) relativa a los valores límite y guía de calidad atmosférica para el anhídrido sulfuroso y las partículas en suspensión, y concretamente al anexo III que considera los métodos de medición de la contaminación del aire y las técnicas de investigación de la OCDE (1964) como método de referencia para la medición de la contaminación por partículas en suspensión (humos negros). La citada armonización ha de realizarse mediante una disposición con carácter de norma básica, habida cuenta de que la protección de la salud de toda la población, axial como del medio ambiente requiere el establecimiento para todo el territorio nacional de unos métodos uniformes de análisis y medición de contaminantes atmosféricos, amparado en la competencia reconocida al estado en el artículo 149 1.16. y 23. de la constitución axial como, en el artículo 40.1 de la ley 14/1986, general de sanidad, en su virtud, este ministerio de sanidad y consumo tiene a bien disponer:

Artículo único. El método de referencia para el humo normalizado contenido en el anexo número 4, apartado 3, de la orden de 10 de agosto de 1976 (<boletín oficial del estado> de 5 de noviembre), relativa a normas técnicas para análisis y valoración de contaminantes de naturaleza química, se sustituye por el método de referencia para el muestreo y análisis del humo normalizado que se adjunta como anexo a la presente sus orden.

Madrid, 22 de marzo de 1990.

Anexo

Método de referencia para el muestreo y análisis del humo normalizado por definición, se entiende por humo normalizado, las partículas finas, de origen carbonoso, suspendidas en el medio ambiente atmosférico, que absorben la luz y pueden ser medidas por reflectometría después de haber sido recogidas sobre un filtro. La concentración de humo normalizado en el medio ambiente atmosférico, no debe ser interpretada como una concentración real de partículas en suspensión en el puesto que se limita a la medida de lo que queda definido como humo normalizado.

1. principio del método. El aire aspirado del exterior, se hace pasar a través de un filtro de papel, donde se depositan las partículas, dando lugar a una mancha grisácea. La intensidad de la mancha se examina por reflectometría. A partir de la medida del índice de reflexión de la mancha se determina la concentración de humo normalizado por unidad de superficie, expresada en mg por cm, mediante una curva patrón. La curva patrón empleada es la que figura en el cuadro. La concentración

de humo normalizado en el medio atmosférico, expresado en mg por m., se obtiene a partir de la masa de humo normalizado por unidad de superficie, la superficie de la mancha y el volumen de aire que ha pasado a través del filtro.

2. equipo de muestreo. El muestreo de humo normalizado se realiza mediante el equipo descrito en el método general de toma de muestras (orden de 10 de agosto de 1976), anexo II, apartado 1), cumpliendo las exigencias siguientes:

2.1 el portafiltros, deberá ser de un material inerte, no debiendo acumular cargas electrostáticas, por ejemplo, cobre, latón o acero.

2.2 el portafiltros será de sección circular, de modo que la abertura circular, o superficie de la mancha, tenga un área de 5 cm +- 5 por 100.

2.3 el filtro a utilizar será whatman número 1, debiendo recogerse la muestra por el lado liso del papel de filtro. 2.4 la velocidad de muestreo de aire será de 4,6 cm x seg, que corresponde a un caudal de aire de 2 m por día. El flujo másico debe mantenerse constante durante el periodo de muestreo, con una precisión del +10 por 100.

El volumen de aire debe ser medido con una precisión del +- 5 por 100.

2.5 el periodo de muestreo será de veinticuatro horas. 2.6 los tubos de conexión en el muestreo de humo normalizado han de ser de PVC (cloruro de polivinilo). 3. reflectómetro. El reflectómetro debe estar equipado con una célula fotoeléctrica de capa barrera, con una fuente de luz blanca y una escala lineal de cero a 100 por 100 de índice de reflexión.

El reflectómetro debe proporcionar una respuesta a la carta de 24 pasos, kodak reflection density guide (24-step), kodak publication q-16, en el rango de 0,00 a 0,80, de modo que, para cada densidad de reflexión de dicha carta, se verifique la relación:

i. r. m. = i. r. c. +- 1

Donde:

i. r. m. es la lectura reflectométrica o índice de reflexión medido. i. r. c. es el índice de reflexión calculado, el cual se obtiene a partir de la correspondiente densidad de reflexión (d. r.) mediante la fórmula:

$$\text{i. r. c.} = 100 \times e\ (\text{-2 por d. m.})$$

4. Procedimientos:

4.1 calibración del reflectómetro. Para la calibración del reflectómetro, este debe disponer de una baldosa con dos secciones, una blanca y otra gris, esta última con indicación del índice de reflexión que le corresponde, +- 1/2. La utilización de baldosas con sección blanca y negra, induce a error en la calibración.

Los pasos a seguir para la realización de una correcta calibración son:

a) verificar el cero mecánico del reflectómetro y ajustarlo en caso de que fuera necesario.

b) poner en marcha el aparato y esperar el tiempo de estabilización indicado por el fabricante.

c) colocar el cabezal de lectura centrado en la sección blanca de la baldosa y ajustar la lectura del reflectómetro a 100 utilizando el potenciómetro de ajuste.

d) colocar el cabezal de lectura centrado en la sección gris de la baldosa. La lectura del reflectómetro deberá coincidir con la lectura marcada en dicha sección +- 1/2.

Este calibrado debe verificarse cada vez que se utilice el reflectómetro.

4.2 medición del índice de reflexión de las manchas de humo. Para la determinación del índice de reflexión sobre un filtro expuesto se realizan los siguientes pasos:

a) comprobar el reflectómetro según el método descrito en el apartado 4.1.

b) colocar centrado, un papel e filtro whatman número 1 limpio, sobre la sección blanca de la baldosa tipo, de modo que la lectura reflectométrica se realice sobre su lado liso.

c) colocar centrado, el cabezal de lectura, sobre el papel de filtro limpio.

d) ajustar la lectura del reflectómetro a 100, mediante el potenciómetro de ajuste.

e) sustituir el papel de filtro limpio por un papel de filtro expuesto.

f) colocar el cabezal de lectura sobre el centro de la mancha del papel de filtro expuesto y anotar la lectura del reflectómetro. Todas las lecturas deben hacerse sobre la sección blanca de la baldosa, con exclusión del marco circundante.

El reflectómetro deberá verificarse a intervalos consecutivos, para cada grupo de 5 a 10 filtros, realizándose los pasos b), c) y d) de este apartado.

g) deducir la masa de humo normalizado por unidad de superficie, a partir de la curva patrón establecida en el cuadro.

Otro modo de determinar la concentración superficial de humo normalizado, una vez conocido el índice de reflexión, es mediante la siguiente formula:

$$s = 6.0240365 \times 10\,2 - 2.1894125 \times 10\,1 \times r + 3.2603453 \times 10\,(-1) \times r\,2$$
$$- 2.3214402 \times 10\,(-3) \times r\,3 + 6.4810413 \times 10\,(-6) \times r\,4$$

Donde:

S es la concentración superficial de humo normalizado, en mg por centímetro cuadrado. R es el índice de reflexión de la mancha.

Observación:

Tanto el cuadro correspondiente a la curva patrón establecida por la OCDE, como la formula anterior, solo son aplicables a las mediciones efectuadas con un reflectómetro de las características anteriormente descritas, sobre un papel de filtro whatman número 1 que tengan una superficie de mancha de 5 cm +- 5 por 100.

Se recomienda considerar únicamente válidas las lecturas de índice de reflexión comprendidas entre el 30 por 100 y el 95 por 100.

4.3 expresión de los resultados. La concentración de humo normalizado (c), expresada en mg por m, se calcula mediante formula:

$$c = s \times a \times v \, (-1)$$

Siendo:

S la concentración superficial de humo normalizado, en mg por cm a la superficie de la mancha sobre el filtro (teóricamente 5 cm). V el volumen de aire muestreado en m. (teóricamente 2 m por día).

Las concentraciones se expresan sin decimales, redondeando a la unidad más próxima. Concentraciones superficiales de humos negros.

Índice reflexión - porcentaje / concentración superficial - (micra g./cm 2)

Contaminación ambiental. Tratamiento de las emisiones. Rendimientos. Chimeneas

Contaminación del aire

La contaminación del aire consiste en la presencia en el aire de sustancias o formas de energía que alteran la calidad del mismo e implica riesgo, daño o molestia grave a los seres vivientes y bienes en general.

Principales causas de contaminación del aire

Emisiones del transporte urbano (CO, CnHn, NO, SO_2, Pb)

Emisiones industriales gaseosas (CO, CO_2, NO, SOx)

Emisiones Industriales en polvo (cementos, yeso, etc.)

Basurales (metano, malos olores)

Quema de basura (CO_2 y gases tóxicos)

Incendios forestales (CO_2)

Fumigaciones aéreas (líquidos tóxicos en suspensión)

Derrames de petróleo (Hidrocarburos gaseosos)

Corrientes del aire y relación presión/temperatura

Como afecta a nuestra salud la contaminación del aire

Dependiendo de exposiciones agudas o crónicas, los efectos en la salud pueden   ser El CO y el CO2 ocasionarán dolores de cabeza, estrés, fatiga, problemas cardiovasculares, desmayos, etc.

Los óxidos de nitrógeno y azufre (NOx ySOx) ocasionan enfermedades bronquiales, irritación del tracto respiratorio, cáncer, etc.

El Plomo, el Mercurio y las dioxinas pueden generar problemas en el desarrollo mental de los fetos. También ocasionan enfermedades ocupacionales en   ciertas industrias.

El cadmio puede generar enfermedades en la sangre

El debilitamiento de la capa de ozono puede ocasionar cáncer a la piel y enfermedades a la vista.

La atmósfera

Se denomina *atmósfera* a la capa de gases que rodea la Tierra. De acuerdo con la distancia de la misma, cambian su composición y su temperatura. Podemos diferenciar en:

La **troposfera**, que es la capa más cercana, llega hasta unos 10 km de la superficie terrestre. En ella vivimos y observamos fenómenos meteorológicos   tales   como   nubes,   tormentas,   vientos.

La **estratósfera**, cuya temperatura es muy baja, se extiende entre los 10 y los 45 km de la Tierra. Es la zona donde vuelan habitualmente los aviones y en la cual se forma la capa de ozono que protege parcialmente al planeta de la radiación ultravioleta B del Sol.

La biosfera es la zona de la superficie terrestre en la que hay vida

Esta vida es posible gracias al aire. En otros planetas, la existencia de otros tipos de gases y de distintas temperaturas imposibilita la vida tal como nosotros la conocemos.

La industrialización

En un principio, se utilizaban el viento o el agua para mover los molinos. Más tarde, durante los siglos XVIII y XIX, se inventaron máquinas de vapor que ayudaron al hombre en su trabajo. Para estas máquinas se utilizaban leña, turba y carbón. Los mismos fueron reemplazados en parte, a fines del siglo XIX, por derivados del petróleo. La población mundial era mucho más reducida y las fábricas pequeñas. Sus chimeneas producían humo, pero los vecinos podían detectarlo.

Con el correr del tiempo se hicieron cada vez más fábricas y de mayor envergadura, con chimeneas muy altas. Los vientos llevaban los gases lejos, y por lo tanto, resultaba difícil saber de dónde provenían. En la actualidad hay chimeneas que sobrepasan los cien metros de altura.

Humos de colores

Los humos de color amarillo o rojizo pueden *ser* peligrosos. Las sustancias que contienen dañan nuestros pulmones. Lo mismo ocurre con los humos de color negro que además ensucian porque contienen hollín.

Control de emisiones

Los humos resultantes de la combustión de biomasa se componen básicamente de CO_2, cuyo ciclo es neutro, y vapor de agua; la presencia de compuestos de nitrógeno, azufre o cloro es muy baja. No obstante, la emisión de partículas es importante, aunque es fácilmente controlable a través del control de la combustión y de la colocación de ciclones. Además, en caso de que la combustión sea deficiente, puede emitirse CO, aunque en bajas cantidades. Las calderas de biomasa deben respetar, al igual que otras clases de instalaciones de combustión, unos límites de emisión de contaminantes a la atmósfera, que generalmente vienen marcados por las normativas de ámbito local. Cuando no exista normativa local al respecto, las emisiones de partículas no deberán exceder de 150 mg/Nm³ y las de CO no deben superar los 200 mg/Nm³ a plena carga.

Tratamiento de emisiones. Rendimiento

Para el caso de emisiones en industrias

Alternativas para captar el polvo del horno:

- Precipitador electrostático:
- Filtro

Alternativas para captar el polvo del enfriador de la escoria:

- Filtro de cama granular
- Precipitador
- Filtro

Alternativas para controlar el polvo de las otras operaciones:

- Cubrir o encerrar los transportadores, trituradores, puntos de transferencia de los materiales, áreas de almacenamiento;
- Instalar colectores mecánicos de polvo y/o filtros donde sean necesarios;
- Pavimentar los caminos de la planta;
- Emplear aspiradoras para limpiar las calles de la planta;
- Rociadores para los caminos y pilas de acopio de la planta,
- Emplear el rocío de látex para estabilizar las pilas de acopio.

En el caso de motores de combustión interna MCI, los métodos de reducción de la toxicidad y el humeado pueden ser divididos en dos grupos: los constructivos y los explotativos. Entre los métodos constructivos podemos citar: la recirculación de los gases de escape y la neutralización de los mismos. Dentro los métodos explotativos se encuentran: el estado técnico del MCI y su correcta regulación, perfeccionamiento de los procesos de formación de la mezcla y de combustión, la correcta selección de los combustibles y sus aditivos, y la utilización de los biocombustibles.

Recomendaciones para un mayor rendimiento y efectividad
1. Elevar las exigencias del personal responsabilizado con la asistencia técnica para lograr la elevación de la calidad en la realización de los mantenimientos técnicos y reparaciones como fuente de disminución de las emisiones de sustancias tóxicas a la atmósfera.
2. Tomar conciencia de los problemas que se le están causando a nuestro planeta por la emisión indiscriminada de sustancias tóxicas y provocantes del llamado efecto invernadero.
3. Aplicar con rigor las disposiciones sobre el cuidado y conservación del medio ambiente.

Chimeneas y chimeneas térmicas

Los aparatos de combustión de leña de los que trata este dossier pertenecen a las tipologías más difundidas y utilizadas en las casas. A los modelos clásicos se han añadido recientemente una serie de modelos y variedades que, recogiendo más características y ofreciendo prestaciones añadidas, tienen denominaciones diferentes y compuestas como "termo-chimenea", "estufa-chimenea", etc. En las descripciones que siguen se trazan sus características más interesantes.

Chimenea: componentes y funcionamiento

La chimenea es un aparato de combustión de leña con llama a la vista empleada para:

- Producir calor para la calefacción del ambiente interno
- Cocer alimentos

- Producir agua caliente para su uso doméstico (con dispositivos especiales).

A los modelos tradicionales con hogar abierto, que tienen además una función decorativa, la amplia vista del fuego y la cocción, se han añadido modelos innovadores con hogar cerrado, proyectados especialmente para obtener altos rendimientos en la calefacción y un importante ahorro de combustible. Las chimeneas modernas están dotadas de avanzadas soluciones tecnológicas tanto en la utilización de los materiales como en lo que concierne a los aparatos de regulación y los sistemas de combustión. Su configuración fundamental difiere poco de la original que, en síntesis, está formada por un hogar (de diferentes formas) conectado a una toma de aire (para coger, desde el exterior y/o el interior del edificio el aire que sirve para la combustión) y a la chimenea (para la expulsión de los humos hacia el exterior del edificio).

El calor producido por la combustión de la leña desarrolla encima del hogar una columna de aire caliente que, por su menor peso específico y, por tanto, por la diferencia de presión respecto al aire, crea una depresión que provoca un movimiento ascendente del humo.

Ya que el humo por efecto del combustible quemado contiene substancias nocivas para el hombre (óxidos de nitrógeno, óxidos de azufre, óxidos de carbono), la chimenea tiene la importantísima tarea de canalizarlo rápidamente y sin fugas hacia fuera y dispersarlo en la atmósfera sin peligros de reflujo o de contaminación. En la siguiente tabla se especifican los principios y las condiciones correspondientes a la mejor eficacia de la eliminación de los humos.

Tabla 3. Principios y condiciones para la mejor eficacia en la eliminación de los humos

Principio	Condición
Combustión eficaz	• *Buena calidad de la leña (tipo de árbol, contenido de humedad, etc.)* • *Suficiente aspiración (diseño correcto de la toma de aire, ausencia de interferencias, etc.)* • *Aparatos de combustión eficaces y bien regulados* • *Temperatura de los humos (óptima 200° - 250° C a la salida del hogar*
Condiciones atmosféricas adecuadas	• *Temperatura y humedad del aire externo en la media favorables* • *Viento en valores medios* • *Alta presión*
Sistema de evacuación de humos eficaz	• *Utilización de materiales adecuados* • *Superficies internas no encrespadas* • *Aislamiento adecuado* • *Diámetro y conformación del sistema de evacuación de humos correctos* • *Instalación perfecta* • *Mantenimiento periódico*

Chimenea tradicional

La chimenea tradicional es una chimenea con hogar abierto, que produce calor principalmente de forma radiante y se inspira en su concepción e imagen en los modelos tradicionales. Funciona principalmente por radiación térmica: una parte del calor producido por la combustión se propaga a la habitación directamente o por reflejo de la base y las paredes. Las paredes, oportunamente moldeadas y construidas con materiales especiales refractarios tienen la capacidad de almacenar una determinada cantidad de calor, que devuelven al ambiente incluso cuando el fuego está apagado. Ya que la parte más abundante del calor, en forma de aire caliente, se pierde con los humos, este tipo de aparato tiene un rendimiento que raramente supera el 20%. Las chimeneas tradicionales se utilizan sobre todo por personas que dan a la chimenea un papel simbólico, de imagen o ambiente. Están formadas por un simple hogar abierto (que sobresale o está empotrado en la pared), con una campana encima, una toma de aire y un adecuado sistema de regulación del tiro. Se producen con una amplia gama de revestimientos, de cualquier estilo y tipo de material.

Chimenea ventilada

La chimenea ventilada es una chimenea con hogar abierto, que une a la producción de calor de forma radiante una significativa producción de aire caliente a través de especiales intercambiadores de calor. Mantiene el aspecto, el tamaño y la estructura de base de la chimenea abierta tradicional, a la que se han integrado soluciones especiales para el calentamiento del aire. En la base y en el fondo del hogar se hacen unas ranuras o se aplican unas planchas de fundición a cámara, en las que el aire, aspirado desde el interior o desde el exterior, circula calentándose al contacto con las paredes de la misma ranura y sale hacia el local desde unas pequeñas aberturas colocadas en diferentes puntos del aparato o en puntos adyacentes. Con este tipo de aparato se pueden lograr rendimientos mucho más grandes que con los de tipo abierto tradicional y se pueden calentar habitaciones enteras con un consumo de leña limitado. Existen modelos con *circulación natural* y con *circulación forzada*. En el segundo caso, se necesita la instalación de un ventilador para aumentar la difusión y la cantidad de aire caliente.

Muchas empresas ofrecen esta chimenea como modelo base, al que se pueden aplicar, incluso después de la instalación, varios dispositivos (ventilador, etc.) para mejorar o ampliar sus prestaciones. Los modelos se pueden instalar incluso empotrados.

Chimeneas integrantes de sistemas tradicionales de calefacción

La evolución de las tecnologías en el sector de la calefacción se ha enriquecido, en los últimos años, con algunos instrumentos importantísimos que tienen un extraordinario papel en la evolución del sistema tradicional de calefacción de leña, a través de chimeneas.

De hecho es posible, como se explica a continuación, aumentar a más del 70% el rendimiento de una chimenea tradicional abierta, que es del 15%. Hay muchos sistemas que permiten alcanzar estos resultados óptimos, tanto desde el punto de vista de los rendimientos como del de los consumos. Es posible:

1. Transformar una tradicional chimenea abierta en una chimenea térmica mediante un aparato llamado chimenea-estufa. Esta tecnología transforma la chimenea abierta en una chimenea cerrada dejando inalterada la estructura existente y aprovechando, no sólo la mayor funcionalidad, sino también la potencia térmica que puede ceder al ambiente.

La característica altamente innovadora de estas chimeneas es que la cámara de combustión, completamente fabricada en fundición, permite unir una gran estabilidad y una rápida acumulación de calor, sobre todo por el intercambio térmico y, por lo tanto, por el rendimiento calórico cedido al ambiente. La puerta de cierre, de cristal cerámico, garantiza una óptima hermeticidad térmica y una gran seguridad de funcionamiento. Finalmente, la doble combustión permite la combustión de los humos o gases no quemados completamente, obteniendo al mismo tiempo dos importantes resultados: el aumento del rendimiento de la combustión en la caldera y la disminución de la emisión de monóxido de carbono al ambiente, con altos rendimientos y bajos consumos.

2. Transformar la vieja chimenea en un verdadero sistema de calefacción ecológico, gracias a la doble combustión que aumenta el rendimiento térmico y a un adecuado sistema de canalización del aire que puede difundir la eficacia térmica también a otros locales, incluso en un piso de más de 90 m^2.

La chimenea térmica se puede empotrar en chimeneas preexistentes y permite regular los humos y los consumos sin tener que hacer obras. Este tipo de chimeneas utilizan el aire como fluido térmico y constan de una cámara de combustión completamente en fundición con cierre de cristal cerámico.

3. Utilizar una chimenea-caldera que puede actuar como soporte al tradicional sistema de calefacción doméstica, ya que produce agua caliente que se puede utilizar al mismo tiempo que la calefacción, a través de radiadores. La chimenea-caldera, además de calentar los radiadores de toda la casa, produce agua caliente, tiene una gran rapidez de respuesta y no renuncia a la tradicional visión de la llama como en las chimeneas más clásicas. Esta tecnología puede sustituir completamente a un sistema de calefacción tradicional con indudables ventajas para el medio ambiente, los consumos y para los excepcionales rendimientos que casi alcanzan el 80%.

Chimenea empotrada

La chimenea empotrada, llamada también *chimenea-estufa*, *chimenea-cajón*, o de inserción, es un tipo de chimenea con hogar cerrado sin revestimiento, apta para ser colocada dentro del hogar de chimeneas ya existentes (tradicionales o ventiladas), de las que puede aumentar su rendimiento incluso 3-4 veces. El altísimo rendimiento (incluso de más del 70%), la gran autonomía y la elevada potencia térmica, hacen de este aparato una máquina realmente eficaz, incluso en los modelos de tamaño pequeño. Representa la solución ideal para la potenciación de chimeneas tradicionales abiertas en casas de campo y en pisos principales o secundarios, en los que puede satisfacer las exigencias de calefacción de uno o más locales. Además, puede utilizarse incluso para la cocción de alimentos. Consta de un bastidor contenedor de acero, revestido internamente con planchas de fundición o material cerámico refractario para la acumulación del calor y cerrado frontalmente con una puerta de cristal cerámico, que se puede abrir. El aire a calentar es aspirado por uno o dos ventiladores, a través de las tomas de aire colocadas en la base (en el caso de aire externo) o en el frente (en el caso de aire interno) del aparato. El aire, entrando en contacto con las planchas de fundición, se calienta y es difundido en la habitación a través de las pequeñas aberturas superiores, o canalizado a las habitaciones adyacentes a través de canalizaciones aisladas. En este último caso, cuando sólo se utiliza aire interno, conviene equipar las puertas de los locales calentados con rejillas para el retorno del aire hacia el hogar.

Con pomos especiales se puede regular la combustión y variar la cantidad de aire de entrada en el local. En los modelos más avanzados, el giro de aire interno del hogar está estudiado para obtener la *combustión secundaria* y una limpieza continua de la puerta de cristal desde el interior. Para una correcta instalación hay que dejar una ranura de aire entre las paredes del hogar y el revestimiento del aparato; la hendidura resultante en el frente del hogar tiene que cerrarse con un marco de metal perforado. Para limitar las dispersiones de calor el techo del antiguo hogar tiene que ser aislado con un panel aislante.

El acoplamiento a la chimenea se realiza introduciendo en ésta un tramo de tubo metálico, teniendo cuidado de no obstruir las hendiduras debidas a la posible diferencia de diámetro entre las dos cañerías, con un reborde para evitar el retorno de residuos de la combustión al aparato y en el ambiente interno.

Chimenea térmica de aire

La chimenea de aire es una chimenea con hogar cerrado, construida con material metálico (monobloque). El rendimiento de estos aparatos supera el 70%, con potencias térmicas que alcanzan, en los modelos más grandes, más de 20.000 kilocalorías. Si han sido aisladas correctamente, pueden calentar habitaciones bastante grandes.

El consumo de leña, a igualdad de rendimiento calórico, disminuye aproximadamente 2/3 respecto a la chimenea tradicional abierta. Prestaciones todavía mejores se obtienen de los modelos especialmente estudiados para quemar leña de forma ecológica, sin casi contaminación, en los que es posible la *combustión secundaria*: en estos casos el rendimiento puede alcanzar el 80%. Se trata de una chimenea con estructura de base enteramente metálica: el bastidor y el intercambiador de calor son de acero, mientras que el hogar puede ser de fundición o de otros materiales refractarios para acumular calor y cederlo incluso cuando la chimenea está apagada. Tiene una puerta anterior de cristal, que se puede abrir de arriba abajo o como una puerta normal. El flujo de aire que sirve para la combustión es aspirado desde una pequeña abertura externa, que puede regularse mediante una válvula de tiro, y sale con los humos de la combustión de la chimenea. En cambio, el flujo de aire que sirve para la calefacción, tras haber entrado en el aparato por aberturas especiales, se calienta en el intercambiador de calor con el mismo sistema descrito para las chimeneas ventiladas, sale caliente y es soplado con ventiladores desde aberturas especiales colocadas en el mismo local donde está instalado el aparato. Con canalizaciones especiales, adecuadamente aisladas, se puede incluso calentar habitaciones que estén alejadas del hogar.

En todos los modelos, la abertura de la ventana de cristal acciona mecánicamente una válvula que, modificando el tiro, impide que el humo se disperse en el ambiente. Cada aparato tiene una serie de accesorios adicionales (termostatos, termosondas, cierres automáticos, cuadros de control, etc.), que reducen al mínimo las operaciones de regulación.

Algunos modelos, en particular, tienen un sensor termostático que apaga el ventilador cuando la temperatura del aire en la ranura de la chimenea baja de los 40-50°C, evitando difundir aire demasiado frío en las habitaciones.

Chimenea térmica de agua

La chimenea térmica de agua, (llamada también chimenea-caldera), es una transformación avanzada de la chimenea tradicional, que une la ventaja de mantener la sugestiva visión de la llama en el hogar (a través de puertas de cristal cerámico), con la capacidad de obtener de la combustión una gran cantidad de calor para calentar el agua de un sistema de radiadores. El rendimiento de estos aparatos con hogar cerrado es muy grande y puede alcanzar niveles del 70-80%, de los cuales 3/4 van al agua del sistema, mientras que la energía térmica restante va por radiación térmica al ambiente donde se encuentra la chimenea. En el mercado hay modelos con potencias que van desde las 10.000 a las 29.900 kilocalorías/hora, capaces de calentar incluso unidades inmobiliarias de gran tamaño. Algunas empresas producen también calentadores especiales, que se colocan en la campana o sobre la caldera de la chimenea, y pueden funcionar junto con ésta o de forma independiente. El aparato está preparado para ser colocado dentro de especiales estructuras, muy parecidas a las chimeneas tradicionales y consta de dos grupos de tubos (o serpentines), uno encima de la zona de fuego para absorber el calor de la llama y otro en la base del hogar para recuperar el calor de las brasas y de las cenizas que se mantienen calientes algún tiempo más, tras haberse apagado el fuego. El funcionamiento de la chimenea térmica, en lo que tiene que ver con el encendido, la regulación del tiro y la combustión, limpieza y mantenimiento, es en todo análogo al de una chimenea común, mientras que la impostación de la temperatura en el ambiente se realiza a través de una centralita electrónica que permite elegir la cantidad de calor deseado en las habitaciones y medir los principales parámetros de funcionamiento del aparato (temperatura, presión del agua, etc.) La circulación del agua en el sistema de calefacción normalmente se realiza con la ayuda de bombas que pueden enviarla rápidamente, incluso a habitaciones que están muy lejos de la chimenea y/o colocadas en distintos niveles.

AUTOEVALUACIÓN

Equipos de producción de calor. Calderas, partes de la caldera, clasificación de las calderas. Seguridades en las calderas. Quemadores. Fundamentos básicos de la combustión. Análisis de humos. Control y regulación. Contaminación ambiental. Tratamiento de las emisiones. Rendimientos. Chimeneas.

___

1. Una Caldera es un dispositivo cuya función principal es calentar:
   a) aire
   b) Sólidos
   c) Gases
   d) Agua
   e) Ninguna es correcta

2. Luego de calentar al punto de ebullición el elemento de la respuesta anterior, la caldera genera:
   a) Frío
   b) Calor
   c) Humedad
   d) Presión
   e) Vapor

3. Las calderas pueden ser:
   a) A leña
   b) A gas butano
   c) Eléctricas
   d) Todas son correctas
   e) Ninguna es correcta

4. Las calderas pequeñas exclusivamente para agua caliente sanitaria se las conoce como:
   a) Hervidores
   b) Marmitas
   c) Calentadores
   d) Termistores
   e) Ninguna es correcta

5. Las calderas eléctricas están libre de:
   a) Impuestos
   b) Contaminación
   c) Instalación
   d) Todas son correctas
   e) Ninguna es correcta

6. En las gasolinas la capacidad del combustible de comprimirse sin autoinflamarse se denomina:
   a) Número de Cetanos
   b) Número de Decanos
   c) Número de Octanos
   d) Número de Newtons
   e) Ninguna es correcta

7. Las calderas gas utilizan para la combustión:
   a) Gas natural o gas butano
   b) Gas artificial o gases raros
   c) Gas hidrogenado o gas nitrogenado
   d) Gas de los pantanos o gases químicos
   e) Ninguna es correcta

8. Qué intercambian las calderas de vapor:
   a) Frío
   b) Humedad
   c) Presión
   d) Calor
   e) Agua

9. En la clasificación de calderas, según la presión de trabajo, los rangos de alta presión son de:

   a) 20 - 440 Kg./cm2
   b) 10 - 220 Kg./cm2
   c) 30 - 660 Kg./cm2
   d) 40 - 880 Kg./cm2
   e) 90 - 770 Kg./cm2

10. En la clasificación de calderas, según su generación, pueden ser:
   a) De Vapor
   b) De humedad
   c) De agua caliente
   d) De agua fría
   e) a y d son correctas

11. En la clasificación de calderas, según la circulación de agua dentro de la caldera pueden ser:
   a) Circulación natural
   b) Circulación forzada
   c) Circulación condicionada

d) Todas son correctas
e) a y b son correctas

12. Según la definición correcta, se tienen 2 tipos generales de calderas:
  a) Según la evaporización del agua y los gases calientes en la zona de tubos de las calderas
  b) Según la circulación del agua y los gases fríos en la zona de tubos de las calderas
  c) Según la circulación del agua y los sólidos calientes en la zona de tubos de las calderas
  d) Según la circulación del nitrógeno y los gases calientes en la zona de tubos de las calderas
  e) *Según la circulación del agua y los gases calientes en la zona de tubos de las calderas*

13. Las partes fundamentales de una caldera son:
  a) Una
  b) Dos
  c) Tres
  d) Cuatro
  e) Cinco

14. A qué nombre se refiere la siguiente definición. Recibe este nombre el espacio que ocupa el agua en el interior de la caldera.
  a) Aljibe
  b) Tanque
  c) Cámara de agua
  d) Cámara de aire
  e) Cámara de vapor

15. ¿Quién impide que se alcancen presiones peligrosas para la integridad de la caldera?
  a) Una válvula estándar de corte
  b) Una alarma de sirena
  c) Una válvula de seguridad calibrada
  d) Una válvula de control
  e) Ninguna es correcta

16. A qué conducto se refiere esta definición. Es el conducto que se utiliza para vaciar la caldera en caso de reparaciones y mantenimiento o en periodos de inactividad durante las heladas.
  a) De desagüe
  b) De presión
  c) De corte

d) De purga
e) De grifo

17. El agua para calderas debe estar desprovista de:
a) Residuos
b) Gases raros
c) Nitrógeno
d) Dureza temporal
e) Frío del ambiente

18. Por el interior de los tubos de las calderas pirotubulares, pasan:
a) Los sólidos
b) Los líquidos
c) Los humos
d) Las presiones
e) Ninguna es correcta

19. En las calderas pirotubulares los flujos máximos de vapor son de:
a) 40.000 Kg./h
b) 30.000 Kg./h
c) 20.000 Kg./h
d) 10.000 Kg./h
e) 15.000 Kg./h

20. Por el interior de los tubos de las calderas acuotubulares, circula:
a) Nitrógeno
b) Hidrógeno
c) Oxígeno
d) Humo
e) Agua

21. Las calderas deben poseer una serie de accesorios que permitan su utilización en forma segura, los que son:
a) Accesorios de observación
b) Accesorios de seguridad
c) Accesorios de contemplación
d) Accesorios de marcación
e) a y b son correctas

22. Entre los riesgos de las calderas de vapor, éstas pueden:
a) Desintegrarse
b) Oxidarse
c) No encenderse

d) Explotar

e) Todas son correctas

23. Qué define el siguiente enunciado. Accesorios de seguridad que funcionan cuando el nivel de agua en el interior de la caldera ha descendido más allá del nivel normal. Consiste en un tubo metálico con el extremo inferior abierto y sumergido al interior de la caldera, hasta el nivel mínimo admisible.

a) Válvula de alivio

b) Válvula de seguridad

c) Silbato de alarma

d) Termómetro

e) Manómetro

24. Qué elemento define el siguiente enunciado. Son accesorios principales en las calderas. Su objeto es mezclar el aire con el combustible o viceversa para luego introducirlo a presión en forma de llama incandescente al interior de la caldera.

a) Succionadores

b) Disipadores

c) Chimeneas

d) Quemadores

e) Combustibles

25. Que define el siguiente enunciado. Es un proceso de oxidación rápida de una sustancia, acompañado de un aumento de calor y frecuentemente de luz.

a) Rayos solares

b) Calor

c) Luz solar

d) Combustión

e) Vapor

26. ¿Qué significa la MCI?

a) Motor de Calor Interno

b) Máquina de Calorías Independientes

c) Motor de Cálculos Improbables

d) Máquina de carbón Inyectado

e) Motor de Combustión Interna

27. Los tres componentes del triángulo de fuego son:

a) Carbón – óxido - calcio

b) Combustible – oxígeno – calor

c) Calor – nitrógeno – agua

d) Todas son correctas

e) Ninguna es correcta

28. ¿De qué color son los humos peligrosos?
a) Verde y azul
b) Negro y marrón
c) Amarillo y rojizo
d) Blanco y gris
e) Ninguna es correcta

29. La chimenea es un aparato de combustión de leña con:
a) Leña a la vista
b) Combustible a la vista
c) Calor a la vista
d) Llama a la vista
e) Humo a la vista

30. Señalar la respuesta incorrecta. La chimenea es un aparato de combustión de leña usada para:
a) Producir calor para la calefacción del ambiente interno
b) Cocer alimentos
c) Generar vapor
d) Producir agua caliente para su uso doméstico (con dispositivos especiales).
e) A, b y c son correctas

SOLUCIONARIO

1. d)
2. e)
3. d)
4. c)
5. b)
6. c)
7. a)
8. d)
9. b)
10. e)
11. e)
12. e)
13. b)
14. c)
15. c)
16. d)
17. d)
18. c)
19. c)
20. e)
21. e)
22. d)
23. c)
24. d)
25. d)
26. e)
27. b)
28. c)
29. d)
30. c)

Depósitos acumulables, de expansión. Productos y materiales utilizados en las instalaciones de calefacción. Purgadores.

DEPÓSITOS ACUMULABLES, DE EXPANSIÓN

Depósitos de acumulación

La compensación de agua, la mayor duración de la vida útil y la seguridad de una caldera en un sistema de calefacción, viene dada por elementos anexos a la caldera. Entre ellos está el depósito de acumulación. Es la mejor conexión para la caldera de combustibles sólidos ya que alarga la vida útil y disminuye el consumo de combustible. Si no podemos llegar a tener la capacidad recomendada en los depósitos de acumulación, conecte la caldera por lo menos con un tanque de compensación de 500 - 1000 l de capacidad.

Instalar la caldera con depósitos de acumulación trae aparejado las siguientes ventajas:

- Menor consumo de combustible (de un 20 a un 30%), la caldera trabaja a plena potencia hasta que se termine de quemar el combustible, manteniendo una eficiencia óptima.
- Alta vida útil de caldera y chimenea – Formación mínima de alquitranes y ácidos.
- Posibilidad de combinación con otras formas de calefacción – Electricidad acumuladora
- Destinado para combinación de caloríferos (radiadores) con calefacción de piso.
- Calefacción confortable y combustión acabada del combustible.
- Una calefacción más ecológica garantizada.
- Garantía de 3 años para el cuerpo de la caldera

Proceso de funcionamiento
Operación del sistema con depósitos de acumulación

Posteriormente al encendido de la caldera, cargamos la capacidad determinada de los depósitos de acumulación durante la operación a máxima potencia (para 2 a 4 cargas) a la temperatura requerida del agua de 90-100°C. Dejamos posteriormente la caldera que se apague. Después sacamos solamente el calor del depósito por medio de la válvula de tres vías durante el tiempo que responda al tamaño del acumulador y a la temperatura exterior. En el período de calefacción (con el cumplimiento de las capacidades mínimas de los acumuladores, véase cuadro) pueden ser 1-3 días. Si no es posible usar la acumulación, recomendamos por lo menos un depósito de 500 - 1000 l de capacidad para compensar los pasos y marcha por inercia de la caldera.

Aislamiento de los depósitos

Los depósitos de acumulación se suministran normalmente sin aislamiento. Una solución apropiada es el aislamiento conjunto de una cantidad determinada de depósitos de la capacidad requerida con lana mineral en una armadura de cartón de yeso, eventualmente rellenada adicionalmente con aislamiento suelto. El espesor recomendado de aislamiento con lana mineral es de 120 mm. Otra alternativa es la compra de depósitos ya aislados con lana mineral en forro de semipiel.

Se Recomienda la conexión con acumuladores como conexión principal. Si no se tiene la capacidad recomendada de los depósitos de acumulación, conectar la caldera por lo menos con un tanque de compensación de 500 - 1000 l de capacidad. La instalación del sistema calorífero deberá ser realizada por una empresa especializada de acuerdo a las normas vigentes. En caso de elegir una alta capacidad de depósito de acumulación, se deberá elegir también una apropiada potencia de la caldera para que pueda cargar estos depósitos en un tiempo razonable.

Depósito de Expansión

La misión del depósito de expansión es la de absorber el aumento del volumen de agua que se produce al calentar el contenido de la instalación. También se los denomina vasos de expansión.

Existen dos sistemas:
- Sistema de expansión abierto.
- Sistema de expansión cerrado.

Actualmente, las instalaciones de calefacción por agua caliente tienden a efectuarse a circuito cerrado, incorporando depósitos de expansión también cerrados. En ellos, al elevarse la temperatura del agua y, por tanto, la presión, esta presiona la membrana y el nitrógeno de la cámara se comprime hasta quedar equilibradas las presiones.

Capacidad útil del depósito

La capacidad útil del depósito viene dada por la siguiente expresión:

$$Vu = Vi \cdot a\%$$

Donde:

Vu = Volumen o capacidad útil.

Vi = Volumen total de agua en la instalación:

Radiadores: $0,43 \cdot 7 = 3,01$ l.

Caldera: 20 l (estimado).

Tuberías: 100 dm□ · (0,13 dm / 2) = 1,32 l.

Vi = V agua radiadores + V agua tuberías + V agua caldera

Vi = 3,01 + 1,32 + 20 = 24,33 l

a% = Coeficiente de dilatación del agua (= 2,9%).

$$Vu = 0,706 \text{ l.}$$

Capacidad Total del Depósito

La capacidad total del depósito será función del coeficiente de utilización. Es necesario calcular dicho coeficiente que depende de la altura manométrica de la instalación y de la presión máxima de trabajo:

$$(Pf - Pi)/ Pf =$$

$$Vv = Vu/$$

Siendo:

Pf = Presión absoluta máxima de trabajo.

Pf = 4 Kg/cm²

Pi = Presión absoluta, altura manométrica.

Pi = 3 Kg/cm²

= Coeficiente de utilización.

= 0,25

Vu = Capacidad útil del depósito.

Vv = Capacidad total del depósito.

Vv = 0,706/0,25 = 2,82 l.

La capacidad total del depósito es:

$$Vv = 2'82 \ l.$$

Tipos de depósitos de Expansión

La función de un depósito de expansión es absorber la variación de volumen que sufre el agua que se ha introducido en frío en la instalación al ponerse en funcionamiento dicha instalación: Si no hubiera vaso de expansión, reventarían las tuberías.

Depósitos De Expansión Cerrados

Se basan en un recipiente con una membrana de caucho con nitrógeno en su interior, que a medida que va adquiriendo presión, la membrana va tomando tensión. Se colocan junto a la caldera en el mismo local técnico. Para evitar que un Depósito de expansión cerrado reviente, tiene éste una válvula de seguridad que se abre cuando la presión en el vaso alcanza la presión de tarado de la propia válvula. Al ser cerrados, necesitarán un mayor volumen que los abiertos.

Este tipo de Depósitos necesitan ser revisados 1 vez al año para comprobar que no pierde presión: si pierde presión de N2, al poner en funcionamiento la instalación puede reventar el recipiente.

Depósitos de Expansión Abiertos

A diferencia del anterior tipo, que se colocaban junto a la caldera en el mismo local técnico, los depósitos abiertos se colocan por encima del punto más alto de la instalación: son unos simples depósitos con un tubo de entrada y otro de salida. El volumen que deberán poder contener es un 6% del volumen de agua que contenga la instalación, es decir, el volumen de tuberías, radiadores y caldera. Según la norma DIN 4751, su volumen también puede calcularse como el 1,2 por mil de la potencia de la caldera en kcal/h, dando el resultado en litros. Al estar abierto, tiene evaporación; Por otro lado, es un agua más agresiva al estar en contacto con el aire.

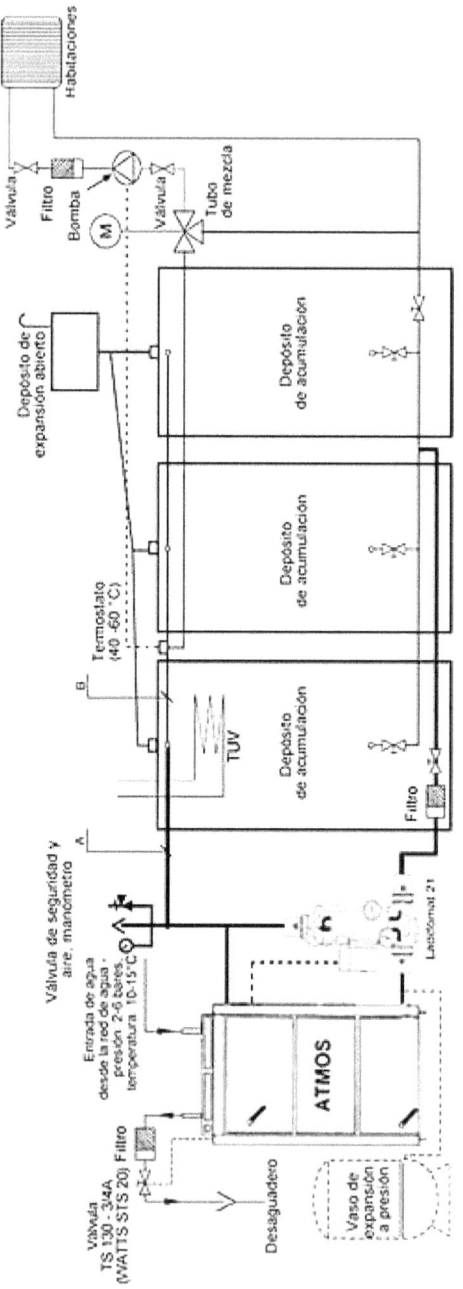

Instalación de caldera con depósito de acumulación y expansión

PRODUCTOS Y MATERIALES UTILIZADOS EN LAS INSTALACIONES DE CALEFACCIÓN

La Normativa referente a Instalaciones de calefacción es la siguiente:

Reglamento de instalaciones de calefacción, climatización y agua caliente sanitaria.

REAL DECRETO 1618/1990, de 4 de julio, por el que se aprueba el Reglamento de instalaciones de Calefacción y Climatización y Agua caliente sanitaria con el fin de racionalizar su consumo.

Capítulo primero: Objeto, competencias y ámbito de aplicación.

Capítulo segundo: Especificaciones de equipos.

Capítulo tercero: Diseño y ejecución de las instalaciones.

Capítulo cuarto: Condiciones ambientales.

Capítulo quinto: Condiciones de funcionamiento.

Capítulo sexto: Fabricantes, Instaladores, Montadores-reparadores y Titulares.

Capítulo séptimo: Proyecto, dirección de obra y sus tramitaciones.

Disposiciones transitorias.

Disposiciones finales.

ORDEN de 16 de julio de 1981 por la que se aprueban las instrucciones técnicas complementarias denominadas I.T.C. con arreglo a lo dispuesto en el Reglamento de Instalaciones de Calefacción, Climatización y Agua Caliente Sanitaria, con el fin de racionalizar su consumo energético.

I.T.C. 01 Terminología.

I.T.C. 02 Exigencias ambientales y de confortabilidad.

I.T.C. 03 Exigencias de seguridad.

I.T.C. 04 Exigencias de rendimiento y ahorro de energía.

I.T.C. 05 Normas generales de cálculo.

I.T.C. 06 Combustibles.

I.T.C.07 Sala de máquinas.

IT.C.08 Chimeneas y conductos de humos.

IT.C.09 Equipos de producción de calor: Calderas.

IT.C.10 Equipos de producción de calor: Quemadores.

IT.C.11 Equipos de producción de frío.

IT.C.12 Otros equipos.

IT.C.13 Elementos de regulación y control.

IT.C.14 Tuberías, valvulería, y accesorios.

IT.C.15 Conductores de aire y accesorios.

IT.C.16 Prescripciones generales de las instalaciones.

IT.C.17 Prescripciones específicas de instalaciones de calefacción y agua caliente sanitaria.

IT.C.18 Prescripciones específicas de instalaciones de climatización.

IT.C.19 Aislamiento térmico de instalaciones.

IT.C.20 Instalaciones complementarias.

IT.C.21 Recepción de las instalaciones.

IT.C.22 Mantenimiento.

IT.C.23 Proyecto de la instalación.

IT.C.24 Puesta en funcionamiento.

IT.C.25 Instalaciones y mantenedores-reparadores.

IT.C.26 Instalaciones existentes.

Referencia de la Normativa citada, sobre las condiciones de los productos y materiales a utilizar en una instalación de calefacción.

CAPÍTULO SEGUNDO

Especificaciones de equipos

Artículo cuarto.- Todos los componentes de la instalación cumplirán los requisitos que se determinan en este Reglamento y se concretarán en sus instrucciones técnicas.

Todos los generadores de calor o frío deberán disponer en lugar visible de una "etiqueta de identificación energética" en la que se expresará el rendimiento, en el caso de generadores de calor, o el coeficiente de eficiencia energética del equipo, en caso de los generadores de frío, determinados en la forma que establezcan las instrucciones técnicas correspondientes.

Artículo quinto.- Los elementos generadores de calor, calderas y quemadores sólo podrán utilizar el combustible para el que fueron diseñados y deberán cumplir los rendimientos mínimos que exija la instrucción técnica correspondiente.

Artículo sexto.- Queda prohibida la instalación de grupos térmicos de generación de calor, simultánea para calefacción y para producción de agua caliente sanitaria en el mismo aparato para los niveles de potencia que establecerá la instrucción técnica correspondiente.

Artículo séptimo.- El coeficiente de eficacia energética de los equipos de producción de frío y el rendimiento de los equipos de producción de calor deberán figurar en toda información técnica o comercial relacionada con los equipos citados.

El Ministerio de Industria y Energía podrá dictar las disposiciones y normas necesarias para la homologación de estos equipos e incluso establecer el valor mínimo admisible del rendimiento y del coeficiente de eficiencia energética.

Generalidades

Las instalaciones de calefacción por agua corriente están basadas en el alto calor específico de agua; su fundamento consiste en calentar el agua en una caldera y distribuirlo mediante una red de tuberías a unos focos emisores de calor; el agua enfriada se devuelve a la cadera, donde se calienta y comienza de nuevo el ciclo.

Este tipo de calefacción por agua caliente es el más extendido, sobre todo, en locales de permanencia continuo, ya que el caldeado que se obtiene es suave, agradable, no vicia el aire ni generalmente tuesta el polvo.

Como inconveniente de éste, y de los restantes sistemas usuales de calefacción, puede apuntarse que suelen presentar el aire de los ambientes calefactados, especialmente en regiones con baja humedad relativa. En este caso conviene encontrar algún dispositivo más o menos elaborado para la necesaria humectación.

Sistemas de Calefacción por Agua Caliente

La calefacción por agua caliente utiliza como fluido calefactor el agua a temperatura igual o menor que 110° C (lo normal es no superar los 86...88 ° C). Dentro de este tipo de calefacción pueden hacerse las siguientes clasificaciones:

Atendiendo a la circulación del fluido calefactor tenemos:
- calefacción por gravedad (sistema antiguo)
- calefacción por bomba

Atendiendo a la contabilización del consumo:
- Necesidad de contadores de calor en diferentes unidades de consumo (vivienda, locales comerciales, oficinas)

- No son necesarios los contadores al tratarse de un único ocupante para todo el edificio: hoteles de viajeros, hospitales, etcétera.

Teniendo en cuenta el número de canalizaciones, existen:
- Sistemas bitubulares
- Sistemas monotubulares
- Sistemas mixtos.

Atendiendo a la distribución de las canalizaciones:
- Distribuidores inferiores para la vida y el retorno.
- Distribuidor inferior en la ida y superior en el retorno.
- Distribuidor superior en la ira e ingeniosa en el retorno.

Circulación Por Gravedad (" Termosifón")

La circulación del agua es debida a la diferencia de densidad entre el agua caliente y el agua enfriada de retorno; el desnivel térmico es suficiente para producir el movimiento.

Para una diferencia de temperatura media entre la ida y el retorno de 20 º C se consigue una velocidad del agua del orden de 0,3 m/s; magnitud suficiente para un correcto funcionamiento. De todas formas, los emisores de los pisos altos dan más rendimiento que los próximos a la caldera. También exige unos diámetros superiores en la red.

Circulación Por Bomba

En la actualidad este tipo de calefacción es más usado que el anterior; en este caso la acción de diferencia de densidad se le agrega la acción mecánica proporcionada por un grupo motobomba. Con la bomba se consiguen presiones y velocidades mayores que con el sistema de gravedad, necesitándose menor sección de tuberías, así como menor superficie en los emisores.

Sistemas Bitubulares

La forma más tradicional de abastecer el agua caliente los focos emisores de calor, consiste en el empleo de sistemas de doble tubería, una para alimentar a los emisores y otra independiente que recoge el agua enfriada y la retorna a la caldera. El agua caliente lleva prácticamente a la misma temperatura a todos los emisores de la instalación.

Sistemas Monotubulares

Son sistemas de circuito único, el agua que sale de la caldera, pasa por el primer emisor, donde quede parte del calor; de éste pasa al segundo, y así sucesivamente va disminuyendo la temperatura del agua a medida que avanza por la instalación; El circuito puede ser horizontal, vertical o mixto. Este sistema sólo se utiliza en viviendas y cuando se quiere abaratar los costes. En general no es recomendable.

Para conseguir una cesión uniforme de calor en los emisores debe de ir aumentándose su superficie a medida que la temperatura media del fluido calefactor disminuye en los sucesivos emisores.

Este sistema resulta más económico que el bitubular al necesitarse menos tubería, pero por el contrario requiere mayores superficies de emisión y un cálculo más riguroso para conseguir un perfecto funcionamiento. Otro inconveniente de este sistema es la limitación de servicio, fijándose un máximo de 15000 kcal/h y siete emisores por cada circuito, y la necesidad de válvulas especiales de reglaje.

Sistemas Mixtos

Son una combinación de un sistema bitubular con otro monotubular. Normalmente resuelven mediante un sistema bitubular los tramos principales, entregando un sistema monotubular para los secundarios.

El sistema mixto será el más empleado en un futuro próximo, especialmente en aquellos edificios donde existan varias unidades de consumo, puesto que permite contabilizar la cantidad de calor consumida de forma independiente, mediante un sistema de medidas directas o indirectas que lo permita, según la obligatoriedad impuesta por las instrucciones técnicas complementarias de las instalaciones de calefacción, climatización y agua caliente sanitaria.

Sistema con Distribuidor Inferior en la ida y Retorno (En Candelabro)
El agua caliente que sale de la caldera se envía por un distribuidor horizontal de ida que alimenta a los distintos montantes. Después de atravesar el agua los emisores se recoge en las descendientes de retorno paralelas a los montantes de ida. Las descendientes de retorno se reúnen a su vez en un colector horizontal de retorno que devuelve al agua a la caldera.

Ventajas:
- Facilita las operaciones de mantenimiento, reparación y conservación.
- El desarrollo de tuberías es menor que en otros sistemas.

Inconvenientes:
- elevada exigencia de equilibrado de la red.

Este sistema es adecuado para edificios de menos de seis plantas, por disminuir la temperatura del agua en los montantes con la altura, especialmente si no están aisladas y tienen gran recorrido.

Sistema Con Distribuidor Inferior En La Ida Y Superior En El Retorno (Retorno Inverso)

El agua es enviada a los emisores de igual forma que en el caso anterior y después recogida por los montantes de retorno paralelas a las de ida. Los montantes de retorno se reúnen a su vez en un corrector superior horizontal de retorno que mediante una descendente general devuelve el agua a la cadera.

Ventajas:
- El recorrido desde la caldera a cada emisor y retorno a la misma es prácticamente igual; por tanto, tiene pérdida de cargas muy similares.
- Uniformidad en la cantidad de calor que lleva a todos los emisores.
- Un desaire eficaz de la red.

Inconvenientes:
- Necesidad de un espacio bajo cubierta registrable.
- Algo más de desarrollo en el recorrido de las tuberías que en el sistema anterior.

Este sistema es adecuado para edificios de altura igual o mayor de seis plantas.

Sistemas De Distribución Superior En La Ira E Inferior En El Retorno (En Parábolas)

En este sistema la distribución se inicia en un montante principal que sale de la cadera y alcanza la parte más alta del edificio; desde su parte superior arranca una distribución horizontal de la que parten las descendientes que abastece los distintos radiadores; las salidas de estos emisores se recogen en las descendientes de retorno que se unen en un distribuidor inferior que devuelve el agua a la caldera.

Ventajas:

- Equilibrio hidráulico fácil.
- Uniformidad en la cantidad de calor que lleva a todos los emisores.
- Un desaire eficaz de la red.

Inconvenientes:

- Necesidad de por espacio bajo cubierta registrable.
- Algo más de desarrollo en el recorrido de las tuberías que en el caso de distribuidor inferior en la ida y el retorno.

Este sistema es adecuado para edificios de altura igual o mayor de seis plantas.

Componentes de un Sistema de Calefacción

- Caldera
- Redes de distribución: tuberías
- Radiadores o emisores
- Bomba de recirculación o circulado.
- Cuadro eléctrico de alimentación de energía de la bomba y demás elementos eléctricos.
- Centralita de regulación.

Caldera

Se clasifica según su el combustible que utiliza para calentar el agua:
-combustible sólido (madera o carbón.) estas calderas son antieconómicas debido a la baja relación kcal/h - kg. de combustible.
- combustible líquido: gasoil
- combustible gaseoso: gas natural o propano.
Los combustibles más usados son el propano y el gasoil. El gas natural es usado cuando existe una red urbana para su distribución.

Red De Distribución

Las tuberías que conforman la red están fabricadas en fundición (tuberías de acero negro). La más empleada es la DIN 2440. Tienen un tratamiento para evitar su oxidación.

El cobre en las tuberías sólo se usa a nivel doméstico y a nivel de agua caliente sanitaria. A éstas no se les da ningún tratamiento para evitar su oxidación ya que apenas es apreciable.

Radiadores

Los radiadores proporcionan la potencia calorífica que demanda el local a calefactar casi en su totalidad (los conductos también pueden ceder energía pero debemos controlarla para que junto con la del radiador no sea excesiva). Esta potencia calorífica se mide en kcal/h . (1 kcal/h = 1,163 w) (1 kcal = 4,186 J).

La potencia calorífica que tiene que proporcionar un radiador se satisface por el número de elementos que lo conforman. La potencia calorífica de cada elemento nos viene indicado en tablas de las distintas casas comerciales.

La emisión de calor real del radiador varía según la tradición y el cubrimiento del propio radiador.

En cuanto a la conexión del radiador se distinguen:

- Distribución por columnas

- Distribución superior

- Distribución inferior.

Bomba de recirculado o circulado

La bomba se elige en función del caudal que debe impulsar y de la mayor pérdida de carga que aparece en el circuito de distribución. Por supuesto debe soportar temperaturas entre 90 y 110 º C.

Si estamos ante un sistema bitubo habrá que tener en cuenta también la pérdida de carga producida en la tubería de retorno.

En primer lugar se calculará la longitud total equivalente de cada diámetro: ésta es la suma de la longitud de la tubería y de las longitudes equivalentes de los elementos singulares:

- longitud tubería de ida y de retorno del circuito.
- codos de ida y de retorno del circuito.
- reducciones de ida y de retorno del circuito.
- "Tés" de ida y de retorno del circuito.
- válvulas de ida y de retorno del circuito.

Esta longitud se multiplicará por la pérdida de carga longitudinal para el diámetro del tramo y el caudal que circula por el tramo: por eso es importante hacer previamente una tabla en la que se dé una relación de diámetro/caudal/pérdida de carga longitudinal.

A esa tabla se unirá otra columna con la longitud total equivalente, de manera que podamos hacer los cálculos cómodamente.

Pero además deberemos añadir a esta pérdida de carga calculada por la longitud del tramo, otras pérdidas de carga localizadas, tales como en:

- Llaves (ver tablas comerciales)
- Detentores (ver tablas comerciales)
- Caldera
- radiadores (= constante: 10 mm c.a)
- cualquier otro elemento singular la rama donde estamos calculando.

La suma de todas estas pérdidas de carga nos da la pérdida de carga total:

Esta pérdida de carga corresponde al punto más desfavorable: es decir, la calculada debe ser la mayor de las pérdidas de carga que se produzcan en cualquiera de las ramas del circuito, desde la situación de la bomba.

Los fabricantes proporcionan tablas para la elección de la bomba en función del caudal y de la pérdida de carga total en el circuito: si el punto de trabajo se encuentra entre dos bombas se escogerá la más próxima superior de manera que así podamos afrontar una pérdida de carga mayor y también un caudal mayor. Después ya en la instalación se accionará una llave para poner a la bomba en un régimen (1ª, 2ª ó 3ª velocidad) para adecuarnos exactamente al caudal de que nos solicita el circuito.

Cuadro eléctrico de alimentación de energía de la bomba y demás elementos eléctricos:

Cuadro de control y comando del sistema de la instalación de calefacción. El mismo debe ser verificado e inspeccionado por personal de mantenimiento eléctrico.

Centralita De Regulación:

Su función es regular encender y controlar los sectores a voluntad.

Cálculo De Una Calefacción

Cálculo De La Demanda De Potencia Calorífica

Las normas de obligado cumplimiento que rigen este cálculo son:
- *NBE-CT-79*
- *Reglamento De Calefacción, Climatización Y Agua Caliente Sanitaria.*

El primer paso para el cálculo de una calefacción es conocer cuál es la demanda de energía calorífica que tiene el local que se debe calefactar (Q) esto depende de:

a) Del entorno:

- La localización geográfica del local, de la que dependerá la temperatura exterior.

De la actividad que se realice en el local a calefactar, de la que dependerá la temperatura interior.

- Del entorno del local a calefactar (de si hay locales contiguos sin calefacción, o calefactados, o de si hay exteriormente un terreno, etc.).

b) De las propiedades del cerramiento que limitan el volumen del local en su totalidad.

c) De la superficie de los cerramientos que limitan el local.

d) En el caso de soleras, muros o techos en contacto directo con el terreno, se estimarán las temperaturas del terreno.

Materiales de los Cerramientos

- Materiales comúnmente empleados en los cerramientos: Estos pueden sustituirse por unos valores más estrictos cuando el suministrador los avale por algún procedimiento.

- Cámaras de aire no ventiladas: la resistencia térmica de la cámara (R) en función de la situación de la cámara de aire, de la dirección del flujo de calor y de su espesor, siempre que el aire se encuentre en reposo.

- Muros de cerramiento de ladrillo: La resistencia a térmica útil (R_i) de un cerramiento de ladrillo en función del tiempo y espesor de éste (quedan excluidos los revestimiento que pudiera llevar).

- Ventanas: Las ventanas constituyen un cerramiento en sí por lo que se da directamente su coeficiente de transmisión térmica (k=1/R) dependiendo del tipo de carpintería y el tipo de acristalamiento (sencillo, doble, doble ventana u hormigón traslucido).

- Puertas: se consideran las puertas que forman parte de cerramientos con el exterior o con locales no calefactados; también se da directamente su coeficiente de transmisión térmica (1/R) dependiendo del tipo de puerta y del porcentaje que tiene acristalada.

- Forjados unidireccionales con bovedillas cerámicas o de hormigón: su resistencia térmica útil (R_i) en función de la altura de la bovedilla y de la distancia entre vigas.

- Forjados sanitarios: el coeficiente de transmisión térmica se calculará según lo especificado en la norma.

Una vez calculado, se suma a la resistencia térmica superficial exterior e interior respectivamente la resistencia térmica útil de todos los elementos que componen el cerramiento, obteniéndose la inversa del coeficiente de transmisión térmica de calor del cerramiento completo (K).

Debemos comprobar que este coeficiente del cerramiento, excluidos los huecos, no será superior dados en función del tipo de cerramiento y de la zona climática donde esté ubicado el edificio. (La densidad del cerramiento la obtendremos a partir de los datos de la Norma)

Basándonos en esto podemos conocer si el cerramiento precisa de un aislamiento térmico. (En la zona Y, siempre concluiremos que es necesario meterle un aislante, normalmente de 2 cm).

Después se calcula la superficie del cerramiento que va a estar sometida al gradiente de temperaturas calculado.

Finalmente se multiplica el coeficiente de transmisión térmica de calor del cerramiento (K), su superficie y la diferencia de temperatura interior y exterior de cálculo, obteniéndose la demanda de carga de calor de la habitación por dicho paramento.

Sumando todas las demandas de calor de los distintos planos que delimitan el local, obtendremos la demanda total de calor del volumen delimitado.

Calculo De La Red De Distribución

Una vez que tenemos la potencia real emitida por el radiador (producto de un número entero de elementos y la potencia de cada uno de éstos), procederemos a calcular el caudal necesario para dar esa potencia:

Se define caloría como el calor que es necesario comunicar un gramo de agua para aumentar su temperatura 1 º C, de 14,5 a 15,5 ºC.

Suponemos que el agua entra en el radiador una temperatura de noventa grados y sale a setenta grados centígrados. Por lo tanto pierde veinte grados de temperatura: el agua proporciona una energía de 20 kcal/litro, si dividimos la potencia que nos tiene que suministrar el radiador por esta energía que nos da cada litro, obtenemos el caudal necesario de agua que debe pasar por ese radiador.

$$q = Q / 20 \text{ (litros/hora)}$$

Una vez que tenemos el caudal y moviéndonos en la pérdida de carga unitaria elegimos un diámetro de tubería: siempre tenemos que limitarnos a que la pérdida de carga no supere los 40 mm c.a./ m (lo normal es moverse entre 10 y 25 ó 30 mm c.a/m). La razón para no irnos a unas pérdidas de carga más pequeñas es el no tener grandes diámetros a la vez que velocidades pequeñas, ya que pueden producirse deposiciones y precipitaciones, sobre todo en aguas duras: ante las aguas duras siempre se debe de darles un tratamiento anticalcáreo, que aumentará la vida de la instalación.

Cuando la potencia calorífica que tiene que aportar un solo radiador es mayor o igual a las 1500 kcal/h, el diámetro a emplear con ese radiador no será inferior a ½". Este diámetro también se aplicará a la rama que va hacia el radiador.

Además la velocidad del agua en la tubería no deberá sobrepasar los 2 m/s para evitar ruidos cuando ésta circule (es recomendable no llegar a 1,5 m/s). Una vez que tenemos los diámetros y los caudales que nos solicitan los radiadores pasamos a calcular los caudales que circulaban por cada uno de los tramos del circuito que hemos diseñado previamente: la forma de hallar estos caudales dependerá de si el circuito es monotubular o bitubular:

- En el caso de un circuito monotubular, el caudal que circula por todos los radiadores es el mismo, por lo que el agua ha perdido un calor mayor que si el circuito fuera bitubular: esto implica que para suministrar la potencia necesaria, deberemos poner un mayor número de elementos, puesto que el calor que desprenden cada uno de estos es menor debido a una temperatura media del agua menor.

- En el caso de un circuito bitubular, el caudal que circula por cada radiador depende de la potencia que va a suministrar, independientemente de los demás radiadores. El caudal que circule por cada tramo del circuito será, por tanto, distinto al anterior y al siguiente, con lo que los diámetros irán disminuyendo a lo largo de los tramos a medida que nos alejamos de la bomba.

Por lo tanto en este caso deberemos calcular, para cada tramo, su caudal, su diámetro, su pérdida de carga longitudinal y la longitud del tramo. Hay que tener en cuenta que también disponemos de la rama de retorno a la hora de hacer los cálculos.

Caldera

La potencia que nos debe suministra la caldera será la suma de la potencia disipada en los radiadores y la potencia perdida en las tuberías. Generalmente esta potencia se multiplica por 1,25 en previsión de cambios en el uso del local: el reglamento exige que las tuberías estén aisladas, tanto más si están al aire. Por esta razón es mejor tenerlas empotradas ya que así el aislamiento requerido será de menor cuantía.

Hay dos tipos de calderas según su forma de trabajar:

- En depresión o de tiro natural (son las antiguas calderas): Tienen poca potencia: sólo son rentables a nivel doméstico (máx.:70.000 kcal/h).

- De sobrepresión, o de tiro forzado: disponen de un quemador que mezcla el combustible y el aire a presión; con este tipo se consiguen calderas de gran potencia.

Dependiendo del tipo de caldera, diseñaremos la chimenea para dar salida a los gases de la combustión.

Con la potencia de la caldera, ya podemos saber el caudal total que debe impulsar el circulador, de igual forma que hacíamos para saber el caudal que debía pasar por cada radiador:

Caudal Bomba = Potencia caldera / 20 (l/h)

Chimenea

Se dimensiona en función del tipo de caldera, ya sea en depresión o en sobrepresión.

Pueden ser de sección cuadrada (normalmente hecha de fábrica de ladrillo revestido) o de sección circular (más baratas y rápidas de instalar):

$$S = K.P/\sqrt{h}$$

Donde - S es la sección en cm^2

- P es la potencia de la caldera en kcal/h

- h es la altura reducida de la chimenea:

- h = H-(0,5n+L+p)

Donde:

- H es la altura real desde la caldera al punto más alto de la chimenea: por norma, la chimenea debe sobresalir 1 m del punto más alto del tejado.

- n es el n° de codos del conducto de la chimenea

- L es la longitud de la proyección horizontal de la chimenea

- p es la resistencia interna de la chimenea para el paso de los humos:

- para calderas de sobrepresión, esta resistencia casi no es apreciable: p=0

- para calderas de tiro natural, p∈(2;4)

- K es un coeficiente que depende del tipo de combustible:

K=0,02 para combustibles sólidos

K=0,03 para combustibles líquidos

K=0,008 para combustibles gaseosos o cuando la caldera es de sobrepresión.

Estos cálculos pueden hacerse y da una sección rectangular en función de la altura reducida y en función de la potencia de la caldera.

Si la chimenea va a ser de sección circular, se puede calcular como si fuera sección rectangular y a continuación transformar las dimensiones en diámetro.

Dilataciones

Debemos tener en cuenta la variación de longitud que puede sufrir la tubería debido a la variación de temperatura a la que se le somete al poner en funcionamiento la calefacción.

La variación de longitud es función del coeficiente de dilatación lineal, de la longitud inicial y de la variación de temperatura a la que se verá sometida.

En tramos rectos y muy largos las dilataciones se absorberán mediante dilatadores.

Estos no hacen falta ponernos cuando hay curvas: en este caso se evitara poner gradas de sujeción en las proximidades de la curva. También pueden utilizarse en vez de los dilatadores las liras.

Consumo Anual De Combustible

Se estima que la cantidad de combustible en kg. totales que consume la caldera en un periodo z de tiempo es:

$$C = \frac{24x \ z \ x \ (t_a-t_{EM}) \ x \ a \ x \ b \ x \ c \ x \ Q}{(t_a-t_{em}) \ x \ t_{min} \ x \ PCI \ x \ \eta}$$

Siendo:

- z el n° de días que tendremos funcionando la calefacción. Si se trata por ejemplo de una instalación para unas oficinas, sólo tendremos trabajando la caldera los días laborables y sólo 8 h al día, por lo que el 24 se sustituiría por 8

- t_a la temperatura de los locales (20 ° C)

- t_{EM} la temperatura exterior media (6 ° C)

- a un factor de reducción de la temperatura:

a=1 en hospitales

a=0,95 en viviendas

a=0,8 en escuelas (y cuarteles)

- b es un factor de reducción del servicio

b= ¿? Para hospitales

b=1 para viviendas

b=0,75 para escuelas.

- c es un factor de corrección: c = 0,9

- Q es la potencia calorífica que suministrará la caldera

- t_{em} es la temperatura exterior mínima que vamos a tener en temporada fría.

- PCI es el poder calorífico inferior de un combustible:

Gasóleo: 10.200 kcal / kg.

Gas propano (el más utilizado en los cuarteles): 11.000 kcal / kg.

- η es el rendimiento de la instalación: $\eta = 0,8$

El 24 indica que consideramos que la caldera va a estar funcionando las 24 h del día. Si el edificio fuera de oficinas, lo que se hace es poner un reloj semanal o mensual, que encienda la instalación sólo en horas de trabajo excluyendo fines de semana y días no laborables.

Otra forma de ver el consumo anual es multiplicar el consumo/h proporcionado por el fabricante para una potencia calorífica determinada y multiplicarlo por el nº de días y el nº de horas que se prevé que va a estar funcionando la calefacción.

Con este consumo ya podemos dimensionar el depósito de combustible en función del nº de veces que queremos que se le reposte.

Purgadores

Es habitual considerar que los purgadores son piezas auxiliares sin importancia, por lo que a menudo son ignorados en los programas de mantenimiento programado. En realidad, sin embargo, los purgadores son elementos esenciales para el buen funcionamiento de los equipos que consumen vapor; si los purgadores no son del tipo adecuado, están mal dimensionados, no están instalados adecuadamente o su mal funcionamiento pasa inadvertido, ello afectará directamente a las condiciones de seguridad, el buen funcionamiento del equipo y los costes de operación.

En tales condiciones lo probable es que los purgadores reciban atención únicamente cuando se presenta un problema importante, como un aumento en el consumo de vapor, una fuga apreciable, o porque el equipo que consume vapor no funciona correctamente.

A menudo los problemas, en un primer momento, no se atribuyen al mal funcionamiento del purgador, y cuando se descubre que él es el culpable, es frecuente sustituirlo por otro idéntico. y descubrir al poco tiempo que el problema no se ha resuelto. Cuando un purgador falla es necesario investigar cuál es la causa real del problema.

Un purgador es una válvula cuya misión es descargar condensado sin permitir que escape vapor vivo. También quitan el aire y los no-condensables de la fase vapor permitiendo que éste alcance su destino y haga su trabajo lo más eficientemente y económicamente posible. La cantidad de condensado que tiene que manejar un purgador puede variar considerablemente. Puede que tenga que descargar condensado a la misma temperatura del vapor, es decir, tan pronto se haya formado en el espacio del vapor, o que tenga que descargar por debajo de la temperatura de vapor, desprendiendo algo de su "calor sensible" en el proceso. Las presiones a las que tiene que bajar los purgadores pueden variar entre vacío y más de cien bares. Para ajustarse a esta variedad de condiciones hay muchos tipos diferentes, cada uno con sus ventajas e inconvenientes. La experiencia nos muestra que los purgadores funcionan con mayor eficacia cuando se igualan sus características con las de la aplicación. Es fundamental que se seleccione el purgador correcto para llevar a cabo una función determinada bajo unas condiciones determinadas. Puede que al principio las condiciones no sean muy obvias. Puede haber variaciones de presión de trabajo, suministro o contrapresión. Pueden estar sujetas a temperaturas extremas o incluso a golpes de ariete. Pueden ser sensibles a la corrosión o a la suciedad. Cualesquiera que sean las condiciones, es importante hacer una selección correcta.

Tipos de purgadores por la forma de accionamiento

- **Purgador manual**: es el purgador más utilizado y está en prácticamente todos los radiadores. Consiste básicamente en una pequeña llave de paso mediante la cual, al abrirla, puede extraerse el aire sobrante. Cuando se observe que la salida de agua sea uniforme habrá que cerrar la llave. Para no manchar se aconseja poner un pequeño recipiente (un vaso puede ser suficiente) debajo del orificio de salida del purgador.

- **Purgador semiautomático (remoto)**: es de aspecto similar al purgador manual, salvo que no presenta ningún orificio de evacuación, sino que tiene a su alrededor hendiduras u orificios de ventilación. Su funcionamiento es muy sencillo puesto que se basa en unas láminas acartonadas que en contacto con el agua se dilatan hasta obturar la llave. Cuando estas láminas están en contacto con el aire se resecan dejando salir el aire del interior del radiador hasta que el agua vuelve a dilatar las juntas.

El purgador semiautomático también se puede abrir mediante un destornillador para purgar el agua y, en algunas ocasiones, se debe ajustar el tornillo de regulación para evitar que éste gotee. Hay que saber que cuando se instala por primera vez un purgador de este tipo y se llena el circuito de calefacción, es normal que éste desprenda unas gotas de agua.

- **El purgador automático**: es un elemento de mayor tamaño y capacidad de purgado pero con un mecanismo de funcionamiento similar al purgador semiautomático. Normalmente se encuentra situado en la parte superior de la caldera, en los finales de acometidas de calefacción o en el tramo situado a mayor altura de todo el circuito.

Tipos de purgador por el sistema de funcionamiento

Termostático (funcionan con cambios de temperatura). La temperatura del vapor saturado está establecida por su presión. En el proceso, donde se produce el intercambio, el vapor, cede su entalpía de evaporación, produciendo condensado a la temperatura del vapor. Cualquier perdida de calor posterior significa que la temperatura de vapor de este condensado disminuye. Un purgador termostático capta la temperatura y posiciona la válvula con relación al asiento para descargar el condensado.

Mecánico (funcionan con cambios de densidad del fluido). Este basa su funcionamiento en la diferencia de densidad entre el vapor y el condensado. Estos purgadores se dividen en dos categorías, "purgador de boya cerrada" y "purgador de cubeta invertida". En el purgador de boya cerrada ésta sube en presencia de condensado para abrir la válvula. En el de cubeta invertida esta flota cuando el vapor alcanza el purgador y cierra una válvula. Ambos son esencialmente "mecánicos" en su método de funcionamiento.

Termodinámico (funcionan por cambios de dinámica en el fluido). El funcionamiento de los purgadores termodinámicos depende en parte en la formación de revaporizado del condensado. Este grupo incluye los purgadores termodinámicos, de disco, de impulso y laberinto y también la simple placa de orificio que no se puede realmente definir como mecánico ya que se trata sencillamente de un orificio de un diámetro determinado donde pasa una cantidad determinada de condensado. Todos se basan en que el condensado caliente, descargando a presión, puede "revaporizar" para dar una mezcla de vapor y agua.

Purgadores de vapor termodinámicos

El purgador de vapor termodinámico (CD) es un dispositivo temporizado que funciona según el principio de velocidad. Sólo contiene una pieza móvil, el mismo disco. Como es muy ligero y compacto, el purgador CD satisface las necesidades de muchas aplicaciones donde el espacio es limitado. Además de la sencillez del purgador termodinámico y de su pequeño tamaño, también ofrece ventajas como resistencia al choque hidráulico, descarga completa de todo el condensado cuando está abierto y funcionamiento intermitente para una acción de purga regular.

El funcionamiento de los purgadores termodinámicos depende de los cambios de presión en la cámara donde opera el disco. El purgador CD estará abierto mientras fluya condensado frío. Cuando el vapor o el vapor flash alcanzan el orificio de entrada, aumenta la velocidad de flujo y tira del disco hacia el asiento. La mayor presión en las cámaras de control cierra bruscamente el disco. La posterior reducción de presión es necesaria para que se abra el purgador. La cámara de calentamiento de la tapa y un surco de purga de máquina de estados finitos en el disco controlan la reducción de presión. Una vez que el sistema alcanza el nivel de temperatura, el surco de purga controla la tasa del ciclo del purgador.

El funcionamiento automático y continuo del purgador de aire aumenta la eficacia del sistema

Muchos procesos industriales implican la extracción de aire/gas de un líquido presurizado. Los purgadores de aire son especialmente adecuados para ese objetivo. El diseño de funcionamiento por boya significa que los purgadores se pueden ajustar instantánea y automáticamente a las variaciones en el flujo y presión de gas. Los purgadores de aire pueden manipular la extracción de gas de líquidos con densidades relativas tan bajas como 0,40 y presión de hasta 2.700

psi (186 bar). Los purgadores de aire están disponibles en una amplia variedad de tamaños, conexiones terminales y materiales de construcción.

Entre las aplicaciones de purgadores de aire de tipo boya se incluyen sistemas hidrónicos de calefacción, líneas de servicio de agua, tanques de almacenamiento de agua, bombas centrífugas, líneas de gas, filtros de disolventes y equipos similares. El funcionamiento es completamente automático y la calidad de su mecanismo así como su diseño sencillo hacen que funcione sin problemas y requieran poco mantenimiento.

El aire se puede acumular en secciones remotas de equipos de transferencia de calor tipo cámara, como equipos con camisa, retortas, vulcanizadores y esterilizadores con camisa.

Purgadores de drenaje para aire comprimido

El agua transportada con aire en herramientas o máquinas en las que se está usando aire eliminará el aceite lubricante. Esto implica un desgaste excesivo en motores y cojinetes y, a la larga, origina gastos más altos de mantenimiento. Sin una lubricación adecuada, las herramientas (especialmente martillos neumáticos, taladros, elevadores y aplanadoras de arena) funcionarán deficientemente y se reducirá su eficacia, debido a que la superficie de desgaste tiene un tamaño limitado y el desgaste acelerado crea fugas de aire. Cuando se usa aire para sprays de pintura, esmaltados, agitación de alimentos y procesos relacionados, no se puede tolerar la presencia de agua y/o aceite. Ni de partículas de arenilla o cal. En sistemas de aire de instrumentos, el agua tiende a adherirse a pequeños orificios y a acumular suciedad, lo que provoca un funcionamiento irregular o fallos en los dispositivos sensibles. Cuando el agua se acumula en puntos bajos de las tuberías, reduce la capacidad de arrastre de aire de la línea. Al final, el flujo de aire sobre el agua impulsará el agua por la línea, desencadenando golpes de ariete y daño potencial de agua condensada a alta velocidad al introducirse en una herramienta. En climas fríos, las acumulaciones de agua pueden congelar y reventar las líneas. Aunque hay varias opciones para el drenaje del sistema de aire comprimido, la clave para extraer líquido de forma continua y automática sin desperdiciar aire o gas son los purgadores de drenaje adecuadamente instalados.

Equipos de purga y traceado de vapor

La categoría de equipos de purga y traceado de vapor consta de tres grupos de productos: purgadores de vapor, sistemas de traceado de vapor y controladores diferenciales de condensado automáticos (DC).

Purgadores de vapor

El trabajo del purgador de vapor es sacar condensado, aire y CO_2 del sistema de vapor tan pronto como se acumula. Sin duda, los purgadores de vapor son los componentes clave de cualquier sistema de vapor y, para ser eficaces, deben proporcionar:

- Mínima pérdida de vapor
- Servicio de larga duración y fiable
- Resistencia a la corrosión
- Purga de aire
- Purga de CO_2
- Función frente a la contrapresión
- Libre de problemas de suciedad

Sistemas de traceado de vapor

Las TVS ahorran espacio y proporcionan ventajas en varios frentes, incluyendo instalación, pruebas y mantenimiento.

Los manifolds de distribución de vapor y recuperación de condensado reúnen todos los componentes necesarios: purgadores de vapor, manifolds y válvulas.

Esas unidades son especialmente importantes en aplicaciones de traceado, en las que se usan líneas de vapor para seguir o realizar el "traceado" de una tubería para mantener dentro el fluido a una temperatura uniforme.

Controladores diferenciales de condensado, automáticos

Los controladores diferenciales de condensado, automáticos están diseñados para aplicaciones donde el condensado tiene que elevarse desde un punto de drenaje o en aplicaciones de drenaje por gravedad, en las que la mayor velocidad ayudará en el drenaje.

Cuando falla un purgador de vapor

La mayoría de fallos en purgadores es en modo abierto. Cuando esto ocurre, la caldera empieza a trabajar más para producir la energía que se necesita, a la misma vez se pueden producir altas presiones en el colector de descarga de condensado. Esto produce un efecto dominó y puede hacer que algunas trampas dejen de descargar, causando una ineficiencia del sistema. Una trampa cerrada no será capaz de desalojar el condensado y no sé producirá el calor previsto en el equipo, afectando por lo tanto negativamente en la producción y calidad de los productos. Excluyendo los fallos de diseño, dos de los más comunes modos de fallos son oversizing y suciedad. El oversizing hace trabajar a las trampas más duramente. En algunos casos puede dar lugar tirar vapor vivo.

La suciedad es otro factor importante que se debería considerar al seleccionar el purgador. Aunque el vapor se condensa en agua destilada, a veces puede tener productos de tratamientos de las aguas de caldera y minerales naturales que se encuentran normalmente en el agua. También hay que considerar la suciedad creada durante la instalación y la producida por la corrosión. Cuando las trampas de vapor fallan y no desalojan el posible condensado en líneas, el vapor convive con el condensado, baja la calidad del vapor y aumenta la probabilidad de golpes de ariete. No solamente hay que tener en cuenta la energía perdida, sino la posible destrucción del equipo. Es importante observar que el efecto perjudicial del golpe de ariete es debido a la velocidad del vapor, no a la presión del vapor. Puede ser tan perjudicial en sistemas de baja presión como en los de alta. Esto puede producir realmente un peligro para la seguridad, ya que una válvula puede fugar al exterior debido al golpe de ariete.

Mantenimiento de purgadores de vapor

En las plantas de proceso los purgadores pueden estar situados en lugares muy diversos. El primer paso para la gestión de su mantenimiento consiste en localizarlos, asignarles un número de identificación y marcarlos físicamente colgándoles una etiqueta metálica donde se anota dicha identificación. Con las características de funcionamiento del purgador debe crearse una base de datos en la que deberán constar, como mínimo los siguientes datos para cada purgador:

• Número de identificación.
• Fecha de la última inspección o reparación.
• Resultados de la última inspección o reparación.

Normalmente se hará constar si el purgador funcionaba correctamente o bien si fugaba, estaba bloqueado, estaba frío, etc. En el caso de que un purgador sea sustituido, debe anotarse el tipo del purgador antiguo y del nuevo, así como las características de éste (marca, modelo, diámetro, presión de trabajo, fecha de instalación, tipo de servicio, etc.). El paso siguiente es proceder a un análisis del funcionamiento de cada purgador. La detección de los purgadores defectuosos ha sido siempre un problema, un diagnóstico erróneo puede hacer que los purgadores defectuosos sigan dando problemas y que se reemplacen innecesariamente purgadores que trabajan correctamente. Por consiguiente el diagnóstico exacto es importante en cualquier programa de mantenimiento. Tradicionalmente se han empleado tres sistemas de juzgar el estado de funcionamiento de un purgador: medir su temperatura, observar su descarga y "escuchar" su ruido. Medir la temperatura del purgador es útil para detectar si está bloqueado (el purgador estará frío), pero sirve muy poco para detectar si fuga vapor, pues en este caso la temperatura no sufre modificaciones apreciables. Cuando un purgador descarga a la atmósfera, un observador entrenado puede juzgar con bastante exactitud el funcionamiento de un purgador. Sin embargo, cada vez son menos los purgadores que descargan a la atmósfera, por lo que el método resulta a menudo inaplicable. Los estetoscopios gozaron de gran popularidad para diagnosticar el funcionamiento de los purgadores, si bien requieren una gran experiencia por parte del operador. Los medidores ultrasónicos también se han utilizado ampliamente, aunque la interpretación de sus resultados no es sencilla y para ser fiable requiere una calibración par cada purgador, pues una misma lectura no tiene el mismo significado para distintos purgadores.

AUTOEVALUACIÓN

Depósitos acumulables, de expansión. Productos y materiales utilizados en las instalaciones de calefacción. Purgadores.

---

1. Qué elemento compensa, con relación a la caldera, un depósito de acumulación:
- a) Aire
- b) Tierra
- c) Calor
- d) Presión
- e) Agua

2. Es recomendable para los depósitos de acumulación realizar:
- a) Su pintado
- b) Su lustrado
- c) Su posición
- d) Su aislamiento
- e) Ninguna es correcta

3. A los depósitos de expansión también se los denomina:
- a) Aljibe
- b) Copas de expansión
- c) Vasos de expansión
- d) Tanques
- e) Todas son correctas

4. ¿Cuál es el fin de un depósito de expansión?
- a) Comprimir el aumento del volumen de agua que se produce al calentar el contenido de la instalación
- b) Absorber el calcio del agua que se produce al calentar el contenido de la instalación
- c) Absorber el aumento del volumen de agua que se produce al enfriarse el contenido de la instalación
- d) Absorber el aumento del volumen de agua que se produce al calentar el contenido de la instalación
- e) Ninguna es correcta

5. Cuántos sistemas de depósitos de expansión existen:
- a) Uno
- b) Dos
- c) Tres
- d) Cuatro

e) Cinco

6. Para evitar que un Depósito de expansión cerrado reviente, éste tiene:
a) Un purgador
b) Una serpentina
c) Una válvula de seguridad
d) Un grifo
e) Un desagüe

7. Para comprobar que no pierde presión, los Depósitos de expansión cerrados necesitan ser revisados:
a) Nunca
b) Siempre
c) Cada 6 meses
d) 1 vez al año
e) Cuando se pueda

8. ¿Los Depósitos de expansión cerrados se colocan, en que parte de la caldera?
a) Arriba de la caldera, en el mismo local técnico
b) Debajo de la caldera, en el mismo local técnico
c) Frente a la caldera, en el mismo local técnico
d) Junto a la caldera, en el mismo local técnico
e) Ninguna es correcta

9. Los Depósitos de Expansión Abiertos son simples depósitos que tienen un tubo:
a) Cortado y otro de plomo
b) Abierto y otro cerrado
c) De entrada y otro de salida
d) De PVC y otro de bronce
e) Todas son correctas

10. ¿Dónde se colocan los Depósitos de Expansión Abiertos?
a) Por debajo del punto más alto de la instalación
b) Por encima del punto más bajo de la instalación
c) Por encima del punto más alto de la caldera
d) Por encima del punto más alto de la instalación
e) En cualquier parte de la instalación

11. Qué número y año le corresponde al REAL DECRETO, de 4 de julio, por el que se aprueba el Reglamento de instalaciones de Calefacción y Climatización y Agua caliente sanitaria con el fin de racionalizar su consumo.

a) 1615/1985
b) 1616/1986
c) 1618/1989
d) 1618/1990
e) 1619/1991

12. Señalar la respuesta incorrecta. Componente de un sistema de calefacción:
a) Caldera
b) Tuberías
c) Bomba de recirculado y circulado
d) Cuadro eléctrico de alimentación
e) Motor de explosión interna

13. Qué elemento define el siguiente enunciado. Se elige en función del caudal que debe impulsar y de la mayor pérdida de carga que aparece en el circuito de distribución. Por supuesto debe soportar temperaturas entre 90 y 110 ° C.
a) Purgadores
b) Válvulas
c) Tuberías
d) Bomba de recirculado y circulado
e) Serpentina

14. El Cuadro eléctrico de alimentación de energía de la bomba y demás elementos eléctricos debe ser verificado e inspeccionado por personal del mantenimiento:
a) Mecánico
b) Neumático
c) Fontanero
d) Informático
e) Eléctrico

15. La tubería, debido a la variación de temperatura a la que se le somete al poner en funcionamiento la calefacción sufre una variación de:
a) Presión
b) Calor
c) Temperatura
d) Longitud
e) Ninguna es correcta

16. Los radiadores proporcionan la potencia:
a) Frigorífica
b) Química

c) Solar
d) Calorífica
e) Húmeda

17. La tubería más empleada es la:
a) DIN 2420
b) DIN 2430
c) DIN 2440
d) DIN 2450
e) DIN 2460

18. Las tuberías que conforman la red están fabricadas en:
a) Hierro
b) Latón
c) Fundición
d) Titanium
e) Cromo

19. Las tuberías que conforman la red tienen un tratamiento para evitar su:
a) Dilatación
b) Contracción
c) Torsión
d) Estiramiento
e) Oxidación

20. En las tuberías a nivel doméstico y a nivel de agua caliente sanitaria, no se les da ningún tratamiento para evitar su oxidación ya que apenas es apreciable y sólo se usa:
a) Fundición
b) Latón
c) Cobre
d) Titanium
e) Hierro

21. Señalar la respuesta incorrecta. En cuanto a la conexión del radiador se distinguen:
a) Distribución por columnas
b) Distribución lateral
c) Distribución superior
d) Distribución inferior.
e) a, c y d son correctas

22. A qué respuesta corresponde la siguiente definición. Es una válvula cuya misión es descargar condensado sin permitir que escape vapor vivo.
- a) Válvula de alivio
- b) Válvula de seguridad
- c) Válvula de descarga
- d) Purgador
- e) Desagüe

23. Señalar la respuesta incorrecta. Un purgador puede ser según su forma de accionamiento:
- a) Manual
- b) Automático
- c) Termostático
- d) Semiautomático
- e) Remoto

24. Señalar la respuesta incorrecta. Un purgador puede ser por su sistema de funcionamiento:
- a) Termodinámico
- b) Mecánico
- c) Remoto
- d) Termostático
- e) a, b y d son correctas

25. El purgador que funciona con los cambios de temperatura se denominan:
- a) Termodinámico
- b) Termistor
- c) Termostático
- d) Térmico
- e) Termostato

SOLUCIONARIO

1. e)
2. d)
3. c)
4. d)
5. b)
6. c)
7. d)
8. d)
9. c)
10. d)
11. d)
12. e)
13. d)
14. e)
15. d)
16. d)
17. c)
18. c)
19. e)
20. c)
21. b)
22. d)
23. c)
24. c)
25. c)

Prevención de riesgos laborales. Riesgos laborales específicos en las funciones caloríficas, medidas de protección: individuales y colectivas.

PREVENCIÓN DE RIESGOS LABORALES

A. Concepto y Definiciones

En el artículo 4 de la Ley 31/1995 de Prevención de Riesgos Laborales aparecen una serie de definiciones que sirven de base y principio para cualquier análisis o estudio sobre la materia. A continuación, vamos a señalarlas, indicando entre comillas el texto literal de la Ley:

- *Prevención: se entiende como tal "el conjunto de actividades o medidas adoptadas o previstas en todas las fases de actividad de la empresa con el fin de evitar o disminuir los riesgos derivados del trabajo".*

- *Riesgo laboral: se define como "la posibilidad de que un trabajador sufra un determinado daño derivado del trabajo. Para calificar un riesgo desde el punto de vista de su gravedad, se valorarán conjuntamente la probabilidad de que se produzca el daño y la severidad del mismo".*

- *Daños derivados del trabajo son "las enfermedades, patologías o lesiones sufridas con motivo u ocasión del trabajo."*

- *Riesgo laboral grave e inminente: es "aquel que resulte probable racionalmente que se materialice en un futuro inmediato y pueda suponer un daño grave para la salud de los trabajadores".*

- *"Se entenderán como procesos, actividades, operaciones, equipos o productos "potencialmente peligrosos" aquellos que, en ausencia de medidas preventivas específicas, originen riesgos para la seguridad y la salud de los trabajadores que los desarrollan o utilizan".*

- *Equipo de trabajo: es "cualquier máquina, aparato, instrumento o instalación utilizada en el trabajo".*

- **Condición de trabajo**: se entiende como tal "cualquier característica del mismo que pueda tener una influencia significativa en la generación de riesgos para la seguridad y la salud del trabajador".

- **Equipo de protección individual**: es "cualquier equipo destinado a ser llevado o sujetado por el trabajador para que le proteja de uno o varios riesgos que puedan amenazar su seguridad o su salud en el trabajo, así como cualquier complemento o accesorio destinado a tal fin".

La prevención es una actitud, normalmente ha de estar recogida dentro del *Manual de Prevención de Riesgos Laborales* de la empresa a la que pertenece el trabajador, e implica cuestiones de sentido común como llevar casco en determinadas zonas de la obra o llevar un determinado arnés de protección contra caídas en altura. Los riesgos laborales son múltiples, y dependen de la actividad que realice el trabajador. En el ejemplo propuesto, los riesgos van desde posibles caídas o golpes accidentales, como cortes, heridas provocadas por las herramientas de trabajo, etc. Todos estos riesgos han de estar definidos y señalados en el ya mencionado *Manual de Prevención de Riesgos Laborales* de la empresa. Este manual respondería al Plan de Prevención de Riesgos Laborales que la ley obligó tener al empresario, y uno de los requisitos previos para la elaboración del mismo es la evaluación de riesgos laborales. Los daños derivados del trabajo serían los efectos derivados de dichos riesgos, como las heridas, lesiones óseas, etc. derivadas de posibles caídas, golpes, etc. en el transcurso. Un riesgo laboral grave e inminente se da, normalmente, en situaciones de riesgo elevado, como la utilización de determinadas herramientas de corte que, incluso con las precauciones pertinentes, son muy peligrosas. El hecho de que el obrero trabaje sobre vigas sin el cinturón y el arnés de protección, así como el casco, es una actividad potencialmente peligrosa. El equipo de trabajo se corresponde con las herramientas de trabajo, las máquinas que utiliza así como el uniforme, casco, etc. Dentro de las condiciones de trabajo pueden estar las condiciones climatológicas, ya que en temperaturas de extremo calor o extremo frío el obrero, que trabaja normalmente en el exterior, puede ver su salud afectada de forma significativa. También se consideraría la situación contractual del trabajador, ya que si no tiene regulada su situación y le falta información y formación en Riesgos Laborales, es más probable que sufra accidentes y que asuma situaciones potencialmente más peligrosas para mantenerse en su puesto de trabajo. El equipo de protección individual estaría compuesto por el casco, el mono, los guantes, el cinturón y el arnés de seguridad, las botas de trabajo, etc. Además, es importante definir también el concepto de accidente de trabajo. Se define como los daños o lesiones que sufre el trabajador por cuenta ajena mientras cumple con sus obligaciones contractuales, tanto dentro de su lugar de trabajo, como mientras realiza alguna misión que le ha sido encomendada. A esta definición general, se le añaden otros supuestos que también han de considerarse como accidentes de trabajo. Los principales son:

- *"Accidente in itinere"*: aquel que se produce mientras el trabajador se desplaza de su lugar de residencia al de trabajo, o viceversa.
- Aquellos accidentes que ocurran mientras el trabajador realiza tareas que se le han encomendado aunque no estén dentro de sus obligaciones contractuales.
- Enfermedades contraídas o agravadas, con motivo de la realización de su trabajo, y que no estén incluidas dentro de la lista de enfermedades profesionales.

Asimismo, también se pueden considerar accidente de trabajo aquellos debido a "culpa civil o criminal del empresario, de un compañero de trabajo o de un tercero" si están relacionados con el trabajo.

Por otro lado, no se consideran accidente de trabajo aquellos daños producidos como consecuencia de los siguientes supuestos:

- Fuerza mayor (inclemencias climatológicas, desastres naturales, etc.)
- Imprudencia temeraria del trabajador

En la página del Instituto Nacional de Seguridad e Higiene en el Trabajo (organismo científico-técnico de la Administración General del Estado) se encuentran disponibles un amplio listado de guías técnicas, de evaluación de riesgos por actividad, y orientativas para la selección y utilización de Equipos de Protección Individual (EPI), entre otras guías. En estas guías se explican de forma orientativa, y no vinculante, la normativa y los reglamentos derivados de la Ley de Prevención de Riesgos Laborales.

B. Ventajas y Repercusiones económicas de la implantación de un Sistema de Prevención de Riesgos laborales:

- Asegura el cumplimiento por parte de la empresa de la legislación aplicable en lo referente a prevención de riesgos laborales.
- Reduce el número de accidentes de trabajo.
- Reduce así mismo las enfermedades laborales.
- Las bajas por enfermedad disminuyen.
- Maximiza la gestión de recursos humanos.
- Genera aumento de productividad para la empresa que lo aplica.
- Favorece las relaciones entre el personal laboral y de este con la propia empresa.
- De igual forma, las relaciones con las Administraciones Públicas y con el resto de la sociedad, se ven favorecidas mediante un Sistema de Prevención de Riesgos laborales.

-Aspectos Económicos: El no establecer un Sistema de Gestión de la prevención de Riesgos Laborales lleva consigo una serie de costes para la empresa. Estos costes tanto humanos como materiales son:

-Costes humanos: Falta de motivación de los trabajadores, daños físicos y psicológicos.

-Costes ocultos: Pérdida de cuota de mercado o la imagen de la empresa, incidencias sobre la producción, desgaste psicológico de los trabajadores y personal con mayor responsabilidad dentro de la empresa.

-Costes sociales: Petición de la sociedad de protección frente a los posibles riesgos laborales, inestabilidad del clima laboral.

-Costes económicos: El trabajador pierde jornadas laborales y ve disminuido su poder adquisitivo debido a la baja, se producen daños materiales en equipos e instalaciones, surge absentismo laboral, la empresa incumple la legislación vigente en prevención de riesgos laborales con lo que recibe sanciones administrativas y de responsabilidad civil o penal, disminuye su productividad, y por último las compañías aseguradoras aumentan en gran cuantía las primas de seguros. Por tanto, la Gestión de la Prevención de Riesgos Laborales además de tener un significado ético y legal para la empresa, posee un gran sentido económico ya que la ausencia de un Sistema de prevención lleva inherentes unos altos costes materiales y financieros. Un Sistema de Prevención dota a la empresa de una mayor ventaja competitiva en el mercado y mejora su imagen frente al consumidor, además, su productividad se incrementa gracias al mejor aprovechamiento de su capital tanto humano como material.

C. Factores de Riesgo

Para poder llevar a cabo un plan de prevención de riesgos es necesario partir de la identificación de cuáles son esos riesgos de la actividad laboral. Evidentemente éstos dependerán de la naturaleza de la empresa y la actividad a la que se dedique, de sus centros de trabajo y el proceso de producción que tenga. Reconocer las situaciones de riesgo es fundamental para desarrollar acciones preventivas eficaces.

Según International Training Centre, *factor de riesgo es el elemento o conjunto de elementos que, estando presentes en las condiciones de trabajo, pueden desencadenar una disminución en la salud del trabajador.*

Según su origen, los factores de riesgo se pueden clasificar en 5 grupos:

- Condiciones de seguridad: aspectos materiales del trabajo que pueden dar lugar a accidentes como maquinaria, equipos y el propio lugar de trabajo
- Medio ambiente físico de trabajo: radicaciones, ruidos, ventilación, humedad.
- Contaminantes químicos y biológicos: aerosoles, vapores, virus, polen.
- Carga de trabajo, ya sea física (cargas pesadas, estáticas o en movimiento) o psíquicas (responsabilidades, monotonía,...)
- Organización del trabajo, derivados de la organización del trabajo: jornadas, relaciones personales, estilo de mando.

Normalmente no se tiene sólo un factor de riesgo sino que conviven varios al mismo tiempo y para poder realizar un estudio de estos factores no se puede llevar a cabo por un único profesional. Las disciplinas o técnicas específicas de la prevención de riesgos laborales en las que existen especialistas y en las que normalmente se agrupan estos riesgos son:

- **Seguridad Laboral**

  Su función es evitar los accidentes de trabajo que aparecen por las malas condiciones de seguridad en el trabajo. Prevenir los factores de riesgo (mediante la creación de medidas, normas y señales) y buscar el origen del accidente son sus dos funciones fundamentales.

- **Higiene Industrial**

  Se desarrolla en el medio ambiente físico, en el lugar de trabajo, evitando los contaminantes que pueden afectar a la salud de los trabajadores. Es una disciplina de prevención de exposición a contaminantes biológicos y químicos.

- **Ergonomía y Psicosociología aplicada**

  La Psicosociología actúa sobre los factores psíquicos y sociales y la Ergonomía trata de evitar los efectos negativos en la salud por las malas condiciones de trabajo. Su función es conseguir un trabajo más seguro y eficaz adaptando el trabajo a las condiciones fisiológicas y psicológicas de las personas. Aquí entra desde la disposición de la luz hasta las relaciones entre compañeros.

- **Medicina del Trabajo**

  Es una especialidad médica enfocada a patologías derivadas directamente del entorno laboral. Tiene tanto una función curativa como una función preventiva o protectora. También se encarga de adaptar el trabajo al hombre y de mejorar las condiciones de trabajo.

D. Evaluación y Análisis de Riesgos

Según el Artículo 16 de la Ley de Prevención de Riesgos Laborales, es una obligación legal para el empresario el realizar una Evaluación de los Riesgos Laborales en su empresa. Según la ley, todo empresario debe:

- Planificar la acción preventiva a partir de una evaluación inicial de los factores de riesgo.

- Evaluar los riesgos a la hora de elegir los equipos de trabajo, sustancias o preparados químicos y del acondicionamiento de los lugares de trabajo

Esta obligación ha sido desarrollada en el capítulo II, artículos 3 al 7 del Real Decreto 39/1997, Reglamento de los Servicios de Prevención.

Por lo tanto, toda prevención de riesgos laborales se basa en la identificación, análisis y evaluación de factores de riesgo, y sobre esta base, llevar a cabo medidas necesarias para controlarlos.

Esta evaluación se debe hacer en todos y cada uno de los puestos de trabajo y ha de ser completamente independiente y objetiva.

En función de los resultados de este análisis, se estudiará la necesidad de adoptar medidas preventivas en el origen, de organización, de protección colectiva o individual y de formación e información a los trabajadores. Las evaluaciones deberán revisarse periódicamente con una periodicidad acordada entre empresa y trabajadores y ha de quedar bien documentada para cada puesto de trabajo. Hay que recordar que la evaluación es un proceso dinámico y se deberá revisarse cuando así se requiera:

- Cuando se detecten daños a la salud de los trabajadores
- Cuando las actividades de prevención implantadas hayan sido inadecuadas o insuficientes
- Cuando haya habido cambios en las condiciones de trabajo, en el puesto de trabajo, un cambio de sede, ...
- Cuando haya nuevas incorporaciones de personal, de maquinaria, de sustancias químicas o materia prima, introducción de nuevas tecnologías.

La evaluación puede realizarla el propio empresario, un departamento interno de la empresa especializado (específicamente los delegados de prevención), o se puede recurrir a una empresa externa si se necesitan mediciones y controles específicos o conocimientos especializados. La elección dependerá de la naturaleza y de la actividad de la empresa.

Cómo se hace: Existen varios tipos de evaluaciones atendiendo a las normas a las que se ajustan. Las evaluaciones de riesgos se pueden agrupar en cuatro grandes bloques:

- Evaluación de riesgos ajustados a los criterios de la legislación específica.

- Evaluación de riesgos para los que no existe legislación específica pero que están establecidas en normas internacionales, europeas, nacionales (Normas ISO-UNE) o en guías de Organismos Oficiales u otras entidades de reconocido prestigio (Institutos, Ministerios, Comunidades Autónomas).

- Evaluación de riesgos que precisa métodos especializados de análisis, especialmente cuando se trata de ámbitos de alto riesgo (incendios, explosiones y accidentes graves).

- Evaluación general de riesgos, que engloba cualquier riesgo no contemplado anteriormente.

Un proceso general de evaluación de riesgos (el último de los casos anteriores) se compone de las siguientes etapas:

- Clasificación exhaustiva de las actividades de trabajo, incluyendo información sobre trabajadores expuestos

- Análisis de riesgos:

- Identificación de peligros: instalaciones, maquinaria, herramientas, distancias, materiales utilizados.

- Estimación del riesgo

- Severidad del daño

- Probabilidad de que ocurra

- Valoración de riesgos: decidir si los riesgos son tolerables y determinar la urgencia de acciones preventivas

- Preparar un plan de control de riesgos. Planificar las medidas de control
- Revisar el plan. Comprobar la efectividad de las medidas adoptadas, ver si existen efectos secundarios, la opinión de los trabajadores, y decidir una periodicidad para su revisión
- Dejar constancia de la evaluación. Darle un formato de acuerdo a unos modelos determinados

Tabla ilustrativa del Ministerio de Trabajo que se utiliza para decidir la tolerancia y urgencia de acciones preventivas:

TIPOS DE RIESGOS Y ACCIÓN Y DISTRIBUCIÓN A TOMAR

Trivial
No se requiere acción específica

Tolerable
No se necesita mejorar la acción preventiva. Sin embargo se deben considerar soluciones más rentables o mejoras que no supongan una carga económica importante. Se requieren comprobaciones periódicas para asegurar que se mantiene la eficacia de las medidas de control.

Moderado
Se deben hacer esfuerzos para reducir el riesgo, determinando las inversiones precisas. Las medidas para reducir el riesgo deben implantarse en un período determinado. Cuando el riesgo moderado está asociado con consecuencias extremadamente dañinas, se precisará una acción posterior para establecer, con más precisión, la probabilidad de daño como base para determinar la necesidad de mejora de las medidas de control

Importante

No debe comenzarse el trabajo hasta que se haya reducido el riesgo. Puede que se precisen recursos considerables para controlar el riesgo. Cuando el riesgo corresponda a un trabajo que se está realizando, debe remediarse el problema en un tiempo inferior al de los riesgos moderados.

Intolerable

No debe comenzar ni continuar el trabajo hasta que se reduzca el riesgo. Si no es posible reducir el riesgo, incluso con recursos ilimitados, debe prohibirse el trabajo.

RIESGOS LABORALES ESPECÍFICOS EN LAS FUNCIONES CALORÍFICAS

Prevención de Riesgos en la actividad de Calefactores

Como empresario, su deber de garantizar, razonable y eficazmente, la protección de la seguridad y la salud de los trabajadores de su empresa son un gran desafío y una gran responsabilidad. Además, la prevención de riesgos laborales es un buen instrumento para incrementar la eficacia y el rendimiento de su empresa. Los accidentes y las enfermedades que afectan a los trabajadores no sólo dañan la salud del trabajador, sino también el éxito en la gestión de la empresa. Las horas de trabajo perdidas por accidentes y enfermedades así como los materiales dañados (por ejemplo los destrozos en los equipos y productos elaborados) interrumpen la continuidad del proceso de trabajo.

La falta de organización, por ejemplo, en la preparación del trabajo causa con frecuencia tensiones innecesarias y trabajos precipitados, que pueden dar lugar a accidentes y enfermedades.

Seguridad y salud en oficios de mantenimiento

Locales y equipos de trabajo

Posibles golpes

GOLPES y/o CORTES producidos por máquinas con partes móviles no protegidas (sin resguardos)

- Sierra circular
- Taladro
- Afiladora
- Dobladora de tubos
- Rotaflex
- Roscadora

Preguntas aclaratorias

¿Es posible acceder a la parte de peligro durante la operación y sufrir lesiones?

Acciones preventivas para mejorar la seguridad

- Las máquinas nuevas cumplen la norma de seguridad (Marcado CE).
- Cumplir las normas de seguridad indicadas en la hoja de instrucciones de uso del fabricante.
- Dispositivos de protección: cubiertas, resguardos, barreras, dobles mandos.
- Comprobar la eficacia de los dispositivos de protección existentes.
- Mangos seguros.
- Interruptores de seguridad.

Preguntas aclaratorias

¿Se toman las precauciones necesarias durante operaciones especiales (por ejemplo: limpieza, mantenimiento, cambio de herramientas)?

Acciones preventivas para mejorar la seguridad

- Seguir las instrucciones del fabricante.
- Desconectar la máquina.

Posibles Peligros

CORTES producidos por superficies peligrosas:

- Bordes metálicos
- Superficies ásperas
- Cuchillas
- Puntas en el suelo

Preguntas aclaratorias

¿Se toman precauciones para evitar rasguños, cortes, pinchazos?

Acciones preventivas para mejorar la seguridad

- Uso de guantes protectores
- Uso de botas de seguridad
- Alisar cantos
- Adecuado almacenamiento de objetos agudos

Posibles Peligros

GOLPES por movimiento incontrolado de objetos o elementos

- Caída de herramienta.
- Caída de materiales.
- Mangueras bajo presión

Preguntas aclaratorias

¿Es posible el movimiento incontrolado de objetos?

Acciones preventivas para mejorar la seguridad

- Sujetar de forma segura los materiales y herramientas en el lugar de trabajo.
- Asegurar las cargas que transportan para que no puedan deslizarse ni caer.
- Controlar la capacidad de carga de las zonas de almacenamiento.
- Respetar la altura permitida de los apilamientos.
- Utilizar casco de seguridad en las obras.
- Utilizar válvulas de seguridad para limitar la presión en las mangueras.

Posibles Peligros

PROYECCIÓN de partículas (polvo, virutas metálicas, astillas, etc.)

- Máquina de corte
- Rotaflex
- Afiladora
- Martillo neumático
- Taladro

Preguntas aclaratorias

¿Se toman las medidas adecuadas para evitar que estos elementos alcancen al operado?

Acciones preventivas para mejorar la seguridad

- Colocar aspiración en las máquinas de corte.

- Elección adecuada del útil de afilado
- Utilizar cubiertas de seguridad
- Utilizar protección ocular y/o de la cara

Posibles Peligros

CAÍDAS EN EL MISMO PLANO debido a:
- Suelos resbaladizos
- Suelos mojados
- Diferencia de alturas en el suelo
- Obstáculos en el suelo
- Calzado incorrecto

Preguntas aclaratorias

¿Se toman las medidas adecuadas frente a posibles caídas, tropezones, resbalones o torceduras?

Acciones preventivas para mejorar la seguridad
- Mantener los suelos secos si es posible.
- Eliminar residuos y obstáculos del área de trabajo.
- No tender cables, conducciones, mangueras, etc. por la zona de trabajo.
- Señalizar los obstáculos existentes y las diferencias de nivel en el suelo.
- Utilizar calzado adecuado.

Posibles Peligros

CAÍDAS DE ALTURA desde:

- Tejados
- Escaleras fijas
- Escalera de mano
- Andamios
- Aberturas en el piso, en la pared, en fosos, en claraboyas, en depósitos, etc.

Preguntas aclaratorias

¿Se toman precauciones para no caerse?

Acciones preventivas para mejorar la seguridad

- Instalar protecciones en los bordes de las superficies elevadas, escaleras, huecos de luz y aperturas en la pared.
- Poner barreras en las zonas próximas a lugares elevados donde no se realizan trabajos.
- Asegurar escaleras de mano contra hundimientos y deslizamientos.
- Prestar atención al ángulo de colocación de la escalera de mano.
- Abrir completamente la escalera de tijera.
- No enganchar la extensión de la escalera en el peldaño más alto.
- Montar los andamios correctamente.
- Utilizar protección individual para caída si fuera necesario.
- Anclar el equipo de parada de caída (cuerdas, cinturones, etc.) en la forma adecuada.
- Utilizar calzado de seguridad adecuado para andar por tejados.
- No andar sobre tejados no resistentes.

Electricidad

Posibles Peligros

CONTACTO ELÉCTRICO directo o indirecto con:

- Máquinas de corte
- Taladros
- Afiladoras
- Dobladoras de tubos
- Rotaflex
- Martillos neumáticos

Acciones preventivas para mejorar la seguridad.

- Revisar diariamente el estado de enchufes, interruptores, cables y aparatos eléctricos.
- Inspeccionar periódicamente los equipos por personal cualificado.
- No utilizar máquinas y herramientas defectuosas y hacer que sean reparadas.
- Utilizar cables y conductores resistentes.
- Utilizar en las obras alargaderas de cables con distintos tipos de conexiones.
- No utilizar herramientas eléctricas con las manos y/o pies húmedos o mojados.
- No utilizar herramientas eléctricas húmedas o mojadas.

Agentes físicos

Posibles Peligros

Fuentes de RUIDO causado por:

- Sierra circular
- Taladro
- El Rotaflex
- Roscadora
- Afiladora
- Soplete
- Dobladora
- Martillo neumático

Acciones preventivas para mejorar la seguridad

- Evaluación de ruido en el puesto de trabajo.
- Reducción del tiempo de exposición.
- En la adquisición de nuevos equipos, comparar el nivel de ruido especificado en las
- características.
- Protección auditiva.

Posibles Peligros

Peligro de QUEMADURAS por:

- Llama del soplete
- Tubos u otros elementos calientes
- Instalaciones (calderas, etc.)

- **Acciones preventivas para mejorar la seguridad**
- Uso de guantes de protección.
- Protección de cara y ojos.
- Ropa de protección.
- Calzado de seguridad.

Sustancias químicas

Posibles peligros

CONTACTO con productos que contienen SUSTANCIAS PELIGROSAS:

- Decapantes
- Disolventes
- Adhesivos
- Masillas
- Fibras artificiales (de vidrio, cerámicas, etc.)

Acciones preventivas para mejorar la seguridad

- Exigir al fabricante «Ficha de datos de Seguridad» del producto.
- Seguir las instrucciones de uso indicadas en la ficha de Seguridad.
- Si se usan en espacios cerrados, prever ventilación y/o extracción.
- Utilizar protección respiratoria, guantes y/o ropa de trabajo según las instrucciones.
- Exigir el etiquetado correcto de los productos.

Posibles Peligros

AMIANTO *(Indicar tipo de amianto y suministrador).*

Acciones preventivas para mejorar la seguridad

- Notificarlo a la Autoridad Laboral.
- Cumplir la legislación vigente.
- Sustituir el amianto por otro producto menos peligroso.
- Eliminar los residuos según la legislación colocándolos en bolsas perfectamente cerradas.

- Informar a los trabajadores del riesgo
- Utilizar protección personal respiratoria, ropa de trabajo y guantes.

Posibles Peligros

PLOMO

Acciones preventivas para mejorar la seguridad

- Cumplir la legislación vigente.
- Informar a los trabajadores del riesgo
- Utilizar protección personal respiratoria si es necesario

Posibles Peligros

SUSTANCIAS PELIGROSAS que se forman DURANTE EL PROCESO DE TRABAJO

Gases y vapores procedentes de:

- Operaciones de soldadura
- Disolventes

Partículas en suspensión:

Humos de soldadura

- Polvo metálico
- Otros polvos

Acciones preventivas para mejorar la seguridad

- Ventilación adecuada.
- Aspiración localizada.
- Utilizar herramientas de corte con aspiración localizada.
- Protección personal respiratoria adecuada.

Agentes biológicos

Posibles Peligros

Peligro de INFECCIÓN POR MICROORGANISMOS (virus, bacterias, parásitos, etc.)

- Instalaciones de aguas residuales
- Pozos
- Eliminación de desechos

Acciones preventivas para mejorar la seguridad

- Medidas de protección del cuerpo: ropa impermeable, guantes, etc.
- Desinfección periódica de la piel
- Adecuada eliminación de desechos.

Posibles Peligros

Riesgo de INCENDIO en las operaciones de soldadura:

- Llama abierta
- Escape de gas del recipiente

Acciones preventivas para mejorar la seguridad

- Eliminar inmediatamente residuos combustibles.
- Prohibir fumar.
- Realizar trabajos de soldadura sólo con permiso de trabajo.
- Reducir automáticamente la llama cuando se apoya el soplete.
- Utilizar soplete de mano con sistema de paro temporal de funcionamiento.
- Disponer de válvula de antirretroceso de llama.
- Extintores de incendio.

- Planes de emergencia e instrucción a los trabajadores.

Posibles Peligros

Riesgo de EXPLOSIÓN como resultado de:
- Evaporación de productos disolventes en espacios cerrados
- Salida incontrolada de gases de los recipientes

Acciones preventivas para mejorar la seguridad
- Ventilación y/o extracción en trabajos en espacios cerrados.
- Probar la hermeticidad de los conductos de gas.
- Cortar automáticamente el suministro de gas si la llama se apaga.
- Colocar reductores de presión entre el recipiente de gas y el soplete.
- Almacenamiento, mantenimiento y transporte adecuados de los recipientes de gases a presión.

Organización del trabajo

Posibles Peligros

CONDUCTAS PERSONALES ante los riesgos:
- Escasa información sobre los riesgos laborales
- No utilizar métodos de trabajo seguros ni los medios de protección

Acciones preventivas para mejorar la seguridad
- Promover la aceptación de medidas de seguridad.
- Instruir convenientemente a los trabajadores en todos y cada uno de los cometidos y situaciones de riesgo ante los que se puedan encontrar.

- Planificar reuniones con instrucción de seguridad periódicamente.
- Promover la concienciación de responsabilidad por la seguridad del compañero de trabajo.
- Informar sobre posibles daños a consecuencia del no uso de equipos de protección individual.

Posibles Peligros
DEFECTOS en el uso de EQUIPOS DE PROTECCIÓN:
- Falta de equipos de retención de caídas.
- Puntos de fijación inseguros para cinturones y resguardos.
- Barras protectoras incorrectamente fijadas.

Acciones preventivas para mejorar la seguridad
- Utilizar puntos de fijación adecuados para cinturones de seguridad y resguardos.
- En trabajos en altura, adoptar las medidas de seguridad adecuadas al desarrollo del trabajo.
- Utilizar dispositivos de captura sólo si no es posible prevenir las caídas.

Posibles Peligros
Mal estado y utilización de equipos de protección individual (EPI):
- Calzado
- Protección ocular contra impactos
- Protección ocular contra radiaciones en operaciones de soldadura
- Guantes
- Protección respiratoria

- Protección auditiva
- Ropa de trabajo

Acciones preventivas para mejorar la seguridad
- Utilizar los EPI con marcado CE.
- Elegir el EPI adecuado a cada riesgo y en número suficiente.
- Mantenimiento y limpieza del EPI según instrucción del fabricante.
- Mantener el EPI en buenas condiciones de uso.
- Sustituir el EPI defectuoso y disponer de los recambios necesarios.
- Los EPI no serán expuestos al sol ni a las inclemencias del tiempo.
- Comprobar la caducidad del EPI.
- Comprobar la eficacia del EPI periódicamente y después de un uso intenso.

Posibles Peligros
Utilización de EQUIPOS DEFECTUOSOS o no adecuados:
- Escaleras defectuosas
- Máquinas herramientas dañadas

Acciones preventivas para mejorar la seguridad
- No utilizar equipos estropeados
- Informar de los equipos averiados
- Hacer reparar los equipos eléctricos por personas especializadas
- Asegurar un suministro adecuado de las piezas necesarias

Funciones y riesgos del calefactor

Definición y/o descripción

Estos trabajadores se ocupan de poner en funcionamiento calderas alimentadas por fuel oíl para generar vapor destinado al suministro de procesos industriales, edificios, etc. Encienden calderas de gas, petróleo o combustibles sólidos utilizando fuentes de ignición; regulan el flujo de combustible y de agua que se introduce en la caldera. Observan los paneles de control y regulan la temperatura, la presión, la aspiración y otros parámetros de funcionamiento. Observan las calderas y las unidades auxiliares para detectar averías y realizar reparaciones. Cambian los quema-dores, las tuberías y los empalmes de canalización. Comprueban y tratan el agua de alimentación de la caldera, utilizando sustancias químicas especiales, columnas de intercambio de iones, etc. Activan las bombas o los flujos de presión para retirar el polvo de cenizas de los dispositivos de alimentación y el agua contaminada del sistema, y limpian mediante descarga de agua los materiales depositados para su eliminación en el pulverizador de cenizas. Ayudan a los equipos de mantenimiento de calderas en las operaciones de conservación y reparación.

Tareas

Activar (bombas); ajustar; montar y desmontar; cargar; comprobar; limpiar; (válvulas, depósitos de combustible); detectar (averías); rellenar; encender; fijar; eliminar mediante descarga de agua (materiales depositados); instalar; encender; cargar y descargar (combustible); mantener (aislamiento, etc.); medir; supervisar; poner en funcionamiento; regenerar (resinas del permutador de iones); regular (flujo, temperatura); eliminar (cenizas, residuos); reparar; sellar (fugas);

atornillar; aprovisionar de combustible; comprobar (agua de alimentación); tratar (agua de alimentación); utilizar llaves de tuercas.

Industrias en las que esta profesión es común

Servicios y plantas de fabricación que requieren vapor para su funcionamiento; por ejemplo, en la industria química, la industria del plástico, las centrales eléctricas; los servicios de lavandería; los hospitales; las industrias de la alimentación; la industria marítima; las instalaciones de desalinización; etc.

Riesgos

Riesgos de accidente

Resbalones y caídas en superficies llanas, sobre todo cuando se ha derramado agua, combustible, aceite, etc. Accidentes mecánicos al utilizar pulverizadores y atizadores en calderas de carbón; explosión de calderas (debido a un sobre-calentamiento, al fallo de los componentes estructurales a causa de la fatiga de los metales, etc.), con probabilidad de incendio; lesiones producidas por la onda de la explosión o por los fragmentos despedidos, las llamas, el vapor, etc.; incendios y explosiones de combustible (sobre todo debidos a fugas); trapos impregnados de combustible; explosiones de mezclas de gas y aire dentro de la caldera; incendios provocados por el hollín; quemaduras producidas por el contacto con superficies calientes, agua a alta temperatura y fuga de vapor; Electrocución o descargas eléctricas; Asfixia debida al agotamiento del oxígeno respirable en la atmósfera circundante; Intoxicación por monóxido de carbono u otros productos de combustión presentes en la atmósfera, sobre todo en el caso de una ventilación deficiente o un suministro de aire inadecuado a los quemadores (la intoxicación aguda por monóxido de carbono puede provocar migrañas, mareos, náuseas, pérdidas de conciencia, coma y muerte). Las salpicaduras de hidracina y sus derivados sobre la piel puede causar quemaduras profundas y dermatitis graves.

Las salpicaduras en los ojos de las sustancias químicas utilizadas en la regeneración de las columnas de permutación de iones y en las operaciones de desoxidación y desincrustación y, en especial, las de hidracina y sus derivados, pueden causar lesiones permanentes en la córnea.

Riesgos físicos
Niveles de ruido excesivos (de hasta 94 dB).

Riesgos químicos
Neumoconiosis debida a la exposición al polvo con contenido de vanadio y al amianto procedente del aislamiento, sobre todo en los trabajos de mantenimiento y reparación, así como al contacto con cenizas en suspensión respirables; Dermatosis debidas a la exposición a combustibles y a los inhibidores de la corrosión (diversos compuestos orgánicos o metalorgánicos) y otros aditivos del agua; Irritaciones oculares, del aparato respiratorio y de la piel como resultado de la exposición a la hidracina y sus derivados, utilizados como aditivos del agua de la caldera; una exposición grave puede provocar ceguera temporal; irritación de las vías respiratorias superiores y tos como consecuencia de la inhalación de dióxido de azufre, en especial al quemar combustibles con un alto contenido de este metaloide; Exposición a sustancias químicas y compuestos aplicados al tratamiento del agua; en especial, inhibidores de la corrosión y eliminadores de oxígeno como la hidracina; sustancias químicas utilizadas en la regeneración de resinas de permutación de iones, tanto ácidos como bases; productos y disolventes de limpieza, desoxidación y

desincrustación; monóxido de carbono; dióxido de carbono; óxidos de nitrógeno; dióxido de azufre; polvos que contienen óxidos refractarios y óxido de vanadio.

Riesgos biológicos

Desarrollo de hongos y crecimiento de bacterias en las salas de calderas debido a la elevada temperatura y humedad.

Factores ergonómicos y sociales

Estrés por calor; Cansancio general como resultado de la actividad física en un entorno ruidoso, caliente y húmedo.

Información complementaria

Notas

De acuerdo con los informes publicados, los auxiliares de caldera pueden estar sometidos a un mayor riesgo de cáncer de pecho o nasofaríngeo; además, la exposición de los operadores de caldera a la hidracina y sus derivados puede causar daños en los pulmones, el hígado y los riñones. Existen riesgos especiales cuando se utilizan residuos como combustible; el operador de caldera puede entrar en contacto con una amplia gama de sustancias químicas peligrosas presentes en los mismos o formadas durante su combustión (p. ej., furanos, derivados de dióxidos, humos metálicos, fibras minerales, etc.). Asimismo, el operador puede exponerse a las mordeduras y las pica-duras de parásitos, insectos e, incluso, pequeños animales (p. ej., serpientes, escorpiones) presentes en los residuos, así como a infecciones bacterianas. Puesto que las salas de calderas suelen ubicarse en sótanos, en algunas regiones existe el riesgo de exposición al radón.

Elementos de protección del calefactor

Botas y zapatos: Protección para los pies. Caídas de objetos y electricidad directa o indirecta.

Casco: Protección para la cabeza

Guantes: Protección de las manos y los brazos.

Mascarilla descartable. Protección de las fosas nasales y sistema respiratorio de agentes externos

Máscaras con filtros intercambiables: Protección de sistema respiratorio de agentes de alta toxicidad

Arnés anticaídas: Protección anticaídas. Trabajos en alturas o pozos profundos

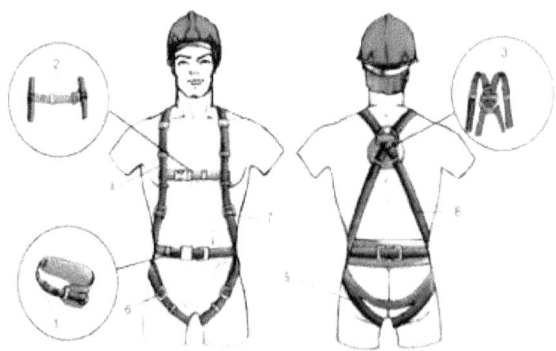

Elementos del arnés anticaídas

1. Hebilla
2. Banda secundaria de unión delantera entre tirantes
3. Elemento de enganche
4. Tirante
5. Banda subglútea
6. Banda de muslo

7. Elemento de ajuste
8. Marcado

Protección auditiva: Protección de los oídos contra ruidos excesivos de cualquier tipo

Gafas de seguridad: Protección a los ojos de agentes externos de cualquier tipo

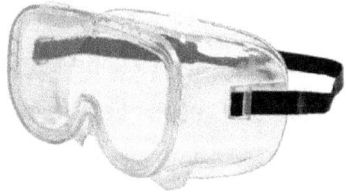

Equipos de protección para soldaduras:

Pantallas protectoras: Protección del rostro y los ojos y Equipo de trabajo ignífugo para soldadura

MEDIDAS DE PROTECCIÓN: INDIVIDUALES Y COLECTIVAS

A. Normalización

La implantación de un Sistema de Gestión de la seguridad y salud en el trabajo, supone una contribución a la mejora en cuanto a condición y factores que afectan al bienestar del entorno físico de una empresa.

Este Sistema y cómo implantarlo viene recogido en dos normas, las cuales presentan semejanzas con las normas ISO 9000 e ISO 14001.

Estas normas son:

-UNE 81900

-OHSAS 18001

La norma UNE fue publicada por la Asociación Española de Normalización y Certificación (AENOR) un año después de la aprobación de la Ley de Prevención de Riesgos Laborales.

Esta norma muestra todas las pautas e información necesaria para implantar un Sistema de Gestión en Prevención de Riesgos Laborales, es decir, a partir de una evaluación de riesgos, ofrece una planificación definiendo previamente unos objetivos y metas, y además ofrece la documentación metodológica necesaria para garantizar la prevención de los riesgos encontrados en todas las actividades de la organización.

La Norma UNE se caracteriza por:

- Muestra un Sistema de Gestión en Prevención de Riesgos Laborales equilibrado y sencillo, de fácil adaptación a cualquier empresa.

- Posee un carácter imperativo, no son sugerencias o recomendaciones, ya que se audita en base a ella.

- Permite la certificación de modelos integrados debido a las semejanzas con las Normas de calidad ISO 9001 y las de medio ambiente 14001.

El desarrollo y evolución de la Norma comprende:

- UNE 81900:1996 EX: Prevención de Riesgos Laborales. Reglas generales para la implantación de un SGPRL (AENOR, 1996a).
- UNE 81901:1996 EX: Prevención de Riesgos Laborales. Reglas generales para la evaluación de los SGPRL. Proceso de auditoría. /AENOR, 1996b).
- UNE 81902:1996 EX: Prevención de Riesgos Laborales. Vocabulario (AENOR, 1996c).
- UNE 81905:1997 EX: Prevención de Riesgos Laborales. Guía para la implantación de un SGPRL (AENOR, 1997c).

La especificación Técnica OHSAS 18001 establece las condiciones que ha de cumplir un Sistema de Gestión de Seguridad y salud en el trabajo para reorientar a las organizaciones y garantizar la seguridad y salud de los trabajadores así como la optimización del resto de su sistema.

La organización que implanta un Sistema de Gestión de seguridad y salud laboral mediante la Norma OHSAS 18001 tiene la garantía de que:

- Cumple con la legislación vigente en materia de Prevención.
- Establece un proceso continuo de mejora de su Sistema de Gestión de la seguridad y salud en el trabajo.
- Determina y mantiene una capacidad de respuesta ante imprevistos.
- Facilita la asignación de los recursos en la organización.
- Busca la mejora continua de la organización mediante la evaluación de los resultados respecto a los objetivos y política anteriormente establecida.
- Revisa y audita el Sistema.

Las especificaciones técnicas OHSAS en materia de prevención son:

-OHSAS 18001: 1999: Establece los requisitos que debe cumplir un Sistema de Gestión de seguridad y salud en el trabajo.

-OHSAS 18002: 2000: Profundiza en la Especificación técnica OHSAS 18001, su objetivo es facilitar la comprensión del contenido de la misma. La relación de la normativa de Prevención de Riesgos Laborales con las normas de gestión medioambiental, es muy alta y va más allá de sus posibles semejanzas de estructura o planteamientos. Hemos de tener presente que un riesgo laboral se convierte o puede convertirse en un impacto medioambiental dentro de la organización.

B. Implantación de un programa de Prevención

Una vez que hemos recopilado toda la información, evaluado y analizado la situación de nuestra empresa, debemos reflejar en un documento las actividades y políticas preventivas y organizativas que llevaremos a cabo para la prevención de riesgos y para mejorar la seguridad. A este documento y a esta actividad se denomina Plan de Prevención. Este plan es completamente individualizado para cada empresa.

Para alcanzar una política de prevención de riesgos eficaz debemos:

- Establecer objetivos concretos y a los responsables de su consecución.
- Implantar métodos y procedimientos para alcanzar los resultados previstos.
- Validar las acciones en función de sus resultados y de si cumplen y mejoran la calidad y el control de los riesgos.

En resumen, se debe concretar el qué, quién, cómo y cuándo, y documentarlos para poder evaluarlos después.

El Plan de Prevención se compone de los siguientes apartados:

- Evaluación de Riesgos: recopilación de información y diagnóstico de la situación.
- Definición de los objetivos, teniendo en cuenta todos y cada uno de los puestos de trabajo (y trabajadores) y los factores de riesgo que los rodean.

- Establecimiento de recursos materiales, económicos y humanos.
- Asignación de tareas, funciones y responsabilidades.
- Detalle de acciones y actuaciones a llevar a cabo: información, formación, simulacros de emergencias, revisiones médicas, registro de incidentes.
- Seguimiento, revisión y actualización del plan.

Es muy importante que el Plan de Prevención se revise periódicamente, en función de las características y naturaleza de la empresa y de los cambios que hayan acontecido en ella. Recordemos que el Plan de Prevención está íntimamente ligado a la Evaluación de Riesgos, que es un procedimiento dinámico y periódico.

C. Responsables de Información y Formación en la empresa

El derecho a la información, formación y comunicación, y el derecho a consultar y participar en la compañía en los asuntos relacionados con la seguridad se canalizan en la empresa a través de dos figuras:

- El Delegado de Prevención.
- El Comité de Seguridad y Salud.

El Delegado de Prevención es el representante de los trabajadores en materia de seguridad y salud en el trabajo. Es una nueva figura legal con funciones y competencias específicas en asuntos relacionados con la prevención de riesgos, que hasta ahora quedaban en manos del empresario. El número de delegados en la empresa viene determinado por el número de trabajadores.

Las competencias del Delegado están recogidas en el artículo 36 de Ley de Prevención de Riesgos Laborales y son las siguientes:

- Colaborar con la dirección de la empresa en la mejora de la acción preventiva.

• Promover y fomentar la cooperación de los trabajadores en la ejecución de la normativa sobre prevención de riesgos laborales.

• Ser consultados por el empresario, con carácter previo a su ejecución, acerca de las decisiones a que se refiere el artículo 33 de la presente Ley.

• Ejercer una labor de vigilancia y control sobre el cumplimiento de la normativa de prevención de riesgos laborales.

El **Comité de Seguridad** y Salud estará presente en todas las empresas que cuenten con más de 50 empleados. Es un órgano paritario (formado por representantes de la empresa y delegados de prevención a partes iguales) y colegiado de participación destinado a la consulta regular y periódica de las actuaciones de la empresa en materia de prevención de riesgos. Se trata de un órgano consultivo, cuya única función ejecutiva es la de actuar en casos de riesgo grave e inminente.

Las competencias del Comité están reguladas en el artículo 39 de la Ley:

• Participar en la elaboración, puesta en práctica y evaluación de los planes y programas de prevención de riesgos en la empresa

• Promover iniciativas sobre métodos y procedimientos para la efectiva prevención de los riesgos, proponiendo a la empresa la mejora de las condiciones o la corrección de las deficiencias existentes.

Todo plan de prevención y seguridad en el trabajo ha de comunicarse al resto de los trabajadores y los responsables han de preocuparse de que la información en materia preventiva llegue a todos los empleados. Son los Técnicos y los Delegados los encargados de los requerimientos de formación, información y comunicación. Ellos tienen que tener la habilidad de negociar la prevención con ambas partes: los trabajadores y la empresa. Para ello, es fundamental una alta capacidad de aprendizaje y de trabajo en equipo, así como ser buenos comunicadores.

La comunicación es eficaz cuando el empleado ha entendido el concepto de salud y seguridad, lo ha asimilado y lo ha tomado como propio. Hasta que el empleado no se sienta comprometido con la seguridad propia y de la empresa no podemos considerar eficaz el plan. La comunicación es tremendamente importante para que todos los niveles de la empresa conozcan y entiendan qué es un Sistema de Gestión de Prevención de Riesgos. Y los responsables de los distintos departamentos juegan un papel primordial. Si el flujo de información es bueno, se puede crear un clima de confianza, apertura interdepartamental y de comunicación vertical, es decir, hacia los estamentos superiores. Compartir ideas, compartir problemas, expresar objetivos, aceptación de cambios, facilidad para la modificación de rutinas, identificación de nuevas necesidades, son ventajas adicionales que se obtienen cuando existen canales eficaces de comunicación. La documentación y complejidad de la información que se crea va en función del tamaño y actividad empresarial. También es importante la peculiaridad de cada centro de trabajo y de las características de las personas que allí trabajan.

D. Legislación: Normativa Internacional y Comunitaria
En la página Web del Instituto Nacional de Seguridad e Higiene en el Trabajo, perteneciente al Ministerio de Trabajo y Asuntos Sociales se pueden encontrar todas las referencias existentes en esta materia. Incluye un apartado con la lista por orden cronológico de todos los textos legales relativos a la Prevención de Riesgos Laborales.
Los principales textos en la Prevención de Riesgos Laborales son:
- Ley 31/95 de Prevención de Riesgos Laborales
- Reglamento de los Servicios de Prevención (R.D. 39/97)
- Reglamentos específicos:
- Accidentes graves (R.D. 1254/1999)
- Actividades: relación de los distintos textos legales en función del

sector de actividad a que se dedique la empresa.

- Exposición a agentes biológicos (R.D. 664/97)

- Exposición a agentes cancerígenos (R.D. 665/97)

- Utilización de equipos de protección individual (R.D. 773/97)

- Utilización de equipos de trabajo (R.D. 1215/97)

- Ergonomía: textos relativos a la manipulación manual de cargas (R.D. 487/1997), y a las pantallas de visualización (R.D. 488/1997).

- Formación

- Higiene

- Lugares de Trabajo (R.D. 486/97)

- Medicina (R.D. 1995/1978)

- Mercancías peligrosas (R.D. 2115/1998)

- Obras de construcción (R.D. 1627/97)

- Principios: relación de disposiciones de carácter básico que regulan la materia

- Residuos (R.D. 937/1989)

- Seguridad

- Señalización (R.D. 485/97)

- Servicios de prevención

- Substancias químicas: legislación sobre el etiquetado, tratamiento de residuos, almacenamiento, transporte, etc. de las substancias químicas

- Varios: otras disposiciones

- Ley 54/2003, de 12 de diciembre, de reforma del marco normativo de la prevención de riesgos laborales.

- R.D. 171/2004, de 30 de enero, por el que se desarrolla el artículo 24 de la Ley 31/1995, de 8 de noviembre, de Prevención de Riesgos Laborales, en materia de coordinación de actividades empresariales.

E. Nuevas vías de Progreso

La Comisión Europea dentro de su comunicado: "Cómo adaptarse a los cambios en la sociedad y en el mundo del trabajo: una nueva estrategia comunitaria de salud y seguridad (2002-2006)" ha definido las llamadas *"Nuevas vías de progreso"* en Prevención de Riesgos Laborales. Estas complementan la acción legislativa necesaria para el establecimiento de normas, ya que son instrumentos que promueven el progreso en prevención, sirven para la adopción de posiciones dinámicas y vanguardistas en la consecución de los objetivos de aplicar un Sistema de Prevención, sobre todo en los ámbitos para los que no existe un enfoque normativo claro por su novedad. La Comisión apoyará las siguientes acciones al respecto:

1. En primer lugar, *la elevación comparativa e identificativa de ejemplos de mejores prácticas*. Es un instrumento cuyos objetivos son:

- Favorecer la convergencia en el desarrollo de Políticas de los Estados Miembros.

- Facilitar la delimitación de fenómenos emergentes, como el estrés, trastornos músculo esqueléticos o la repercusión de dependencias como el alcohol, los medicamentos y las drogas.

- Desarrollar el conocimiento y seguimiento del "Coste de la falta de calidad", es decir, aspectos económicos como son los costes humanos y materiales.

2. *Acuerdos voluntarios concluidos por los interlocutores sociales*. Se busca favorecer y prevenir mediante el diálogo social algunos riesgos nuevos como el estrés.

3. *Responsabilidad social de las empresas*. En este apartado se hace una referencia al Libro Verde "Fomentar un marco europeo para la responsabilidad de las empresas", en el cual se destaca que la salud en

el trabajo es uno de los ámbitos más privilegiados para la implantación de nuevas prácticas por parte de las empresas.

4. *Incentivos económicos.* La Comisión cree conveniente la aplicación sistemática de prácticas de incentivos económicos que llevan a cabo los aseguradores, tanto públicos como privados, mediante primas de seguros o contratos de prevención que incluyen la evaluación de riesgos, formación adaptada, asistencia técnica y ayudas al equipamiento.

AUTOEVALUACIÓN

Prevención de Riesgos Laborales. Riesgos Laborales específicos en las funciones del Calefactor, medidas de protección individuales y colectivas.

---

1. En qué artículo de la Ley 31/1995 de Prevención de Riesgos Laborales aparecen una serie de definiciones que sirven de base y principio para cualquier análisis o estudio sobre la materia:
 a) 5
 b) 7
 c) 9
 d) 4
 e) 10

2. ¿Cuál de las siguientes definiciones corresponde a la Ley 31/1995 de Prevención de Riesgos laborales?
 a) Desorganización
 b) Cuidado intensivo
 c) Prevención
 d) Ninguna es correcta
 e) Todas son correctas

3. Cuál de los siguientes elementos no corresponde al equipo de protección individual:
 a) Guantes
 b) Casco
 c) traje
 d) Botas de trabajo
 e) Todas son correctas

4. En la página Web de que organismo se puede encontrar un amplio listado de guías técnicas, de evaluación de riesgos por actividad, y orientativas para la selección y utilización de Equipos de Protección Individual (EPI).
 a) Instituto Nacional de Seguridad e Higiene en el Trabajo.
 b) Ministerio del Interior
 c) Ministerio de Educación
 d) Todas son correctas
 e) Ninguna es correcta

5. Indicar cual enunciado corresponde a las Ventajas y Repercusiones económicas de la implantación de un Sistema de Prevención de Riesgos laborales:
a) Las bajas por enfermedad aumentan
b) Genera disminución de productividad para la empresa que lo aplica
c) Favorece las relaciones entre el personal laboral y de este con la propia empresa
d) Minimiza la gestión de recursos humanos
e) Ninguna es correcta.

6. Según su origen, los factores de riesgo se pueden clasificar cuantos grupos:
a) Ninguno
b) 10
c) 3
d) 5
e) 2

7. ¿Cuál de los siguientes es un factor de riesgo?
a) Organización del trabajo, derivados de la organización del trabajo: jornadas, relaciones personales, estilo de mando.
b) Contaminantes químicos y biológicos: aerosoles, vapores, virus, polen.
c) Desgano al realizar las tareas.
d) A y b son correctas.
e) Ninguna es correcta.

8. ¿Cuáles de las siguientes disciplinas corresponden a las disciplinas o técnicas específicas de la prevención de riesgos laborales?
a) Puesta a punto y Calibración.
b) Regulación y Control.
c) Seguridad Laboral e Higiene Industrial.
d) Todas son correctas.
e) Ninguna es correcta.

9. Según el Artículo 16 de la Ley de Prevención de Riesgos Laborales, es una obligación legal para el empresario el realizar una Evaluación de los Riesgos Laborales en su empresa. Según la ley, todo empresario debe:
a) Evaluar los riesgos a la hora de elegir los equipos de trabajo, sustancias o preparados químicos y del acondicionamiento de los lugares de trabajo.

b) No evaluar los riesgos a la hora de elegir los equipos de trabajo, sustancias o preparados químicos y del acondicionamiento de los lugares de trabajo.

c) Evaluar los riesgos a la hora de elegir los equipos de trabajo, sustancias o preparados químicos y del acondicionamiento de los lugares de esparcimiento.

d) Evaluar los riesgos a la hora de elegir los equipos de trabajo, sustancias o preparados químicos y del acondicionamiento de los lugares de recreación.

e) Ninguna es correcta.

10. ¿Cuál de las siguientes es un tipo de riesgo, según la tabla ilustrativa del Ministerio de Trabajo?
a) Magnífica
b) Intolerable
c) Perspicaz
d) Inocuo
e) Imberbe

11. Un empresario debe de garantizar, razonable y eficazmente, la protección de la seguridad y la salud de:
a) Las máquinas
b) Las instalaciones
c) Los trabajadores
d) Todas son correctas
e) Ninguna es correcta

12. La falta de organización, por ejemplo, en la preparación del trabajo causa con frecuencia tensiones innecesarias y trabajos precipitados, que pueden dar lugar a:
a) Desorden e inconstancia
b) Desequilibrio e inestabilidad
c) Accidentes y enfermedades
d) Preocupación y desconcierto
e) Ninguna es correcta

13. Señalar la respuesta incorrecta. En locales y equipos de trabajo, los golpes y/o cortes producidos por máquinas con partes móviles no protegidas (sin resguardos), son:
a) Sierra circular
b) Taladro
c) Afiladora
d) Dobladora de tubos
e) Todas son correctas

14. Señalar la respuesta incorrecta. Las caídas de altura pueden ser desde:
   a) Tejados
   b) Escaleras fijas
   c) Subsuelos
   d) Andamios
   e) A, b y d son correctas

15. Los peligros de máquinas de uso diario pueden generar posibles riesgos eléctricos, como:
   a) Contactos directos e indirectos
   b) Contactos diferidos y transversales
   c) Contactos lineales y verticales
   d) Contactos geométricos y rectilíneos
   e) Contactos monofásicos y trifásicos

16. Cuál de las siguientes respuestas no corresponde a una acción preventiva contra el ruido:
   a) Evaluación de ruido en el puesto de trabajo.
   b) Reducción del tiempo de exposición.
   c) En la adquisición de nuevos equipos, comparar el nivel de ruido especificado en las características.
   d) Utilizar casco protector
   e) a, b y c son correctas

17. En las operaciones de soldadura, qué tipo de riesgo puede producirse:
   a) Derrumbe
   b) Inundación
   c) Cortocircuito
   d) Incendio
   e) polvos

18. La evaporación de productos disolventes en espacios cerrados y la salida incontrolada de gases de los recipientes, pueden producir:
   a) Difamación
   b) Putrefacción
   c) Calcificación
   d) Explosión
   e) Oxidación

19. Estrés por calor; Cansancio general como resultado de la actividad física en un entorno ruidoso, caliente y húmedo, son factores:
a) Matemáticos y de cálculo
b) Ergonómicos y sociales
c) Esquizofrénicos y neuróticos
d) Todas son correctas
e) Ninguna es correcta

20. Los elementos de protección ignífugos, protegen contra:
a) El agua
b) El sol
c) Los rayos ultravioletas
d) El fuego
e) El polvo

21. Cuáles son las dos Normas que regulan el Sistema de Gestión de la seguridad y salud en el trabajo.
a) ISO 9000 e ISO 14001
b) UNE 81900 y OHSAS 18001
c) DIN 900 y UNE 41455
d) ISO 7541 y UNE 21457
e) ISO 9000 e ISO 2500

22. Una vez que hemos recopilado toda la información, evaluado y analizado la situación de nuestra empresa, debemos reflejar en un documento las actividades y políticas preventivas y organizativas que llevaremos a cabo para la prevención de riesgos y para mejorar la seguridad. A este documento y a esta actividad se denomina:
a) Plan de Acción
b) Plan de Ejecución
c) Plan de Prevención
d) Plan de Función
e) Plan de interacción

23. El derecho a la información, formación y comunicación, y el derecho a consultar y participar en la compañía en los asuntos relacionados con la seguridad se canalizan en la empresa a través de dos figuras, indicar la correcta:
a) El Delegado de Prevención y El Comité de Seguridad y Salud.
b) El Delegado de Salud y El Comité de Prevención.
c) El Delegado de Seguridad y El Comité de Salud.
d) El Delegado de Prevención y El Comité de Salud.
e) Ninguna es correcta.

SOLUCIONARIO

1. d)
2. c)
3. c)
4. b)
5. c)
6. d)
7. d)
8. c)
9. a)
10. b)
11. c)
12. c)
13. e)
14. c)
15. a)
16. d)
17. d)
18. d)
19. b)
20. f)
21. b)
22. b)
23. b)

Este Manual se complementa con:
-MANUAL DE EQUIPOS FRIGORÍFICOS
-ANEXO DE EQUIPOS TÉRMICOS FRÍO / CALOR
De Miguel D'Addario

Primera edición
2015
CE

.

www.ingramcontent.com/pod-product-compliance
Lightning Source LLC
Chambersburg PA
CBHW051853170526
45168CB00001B/88